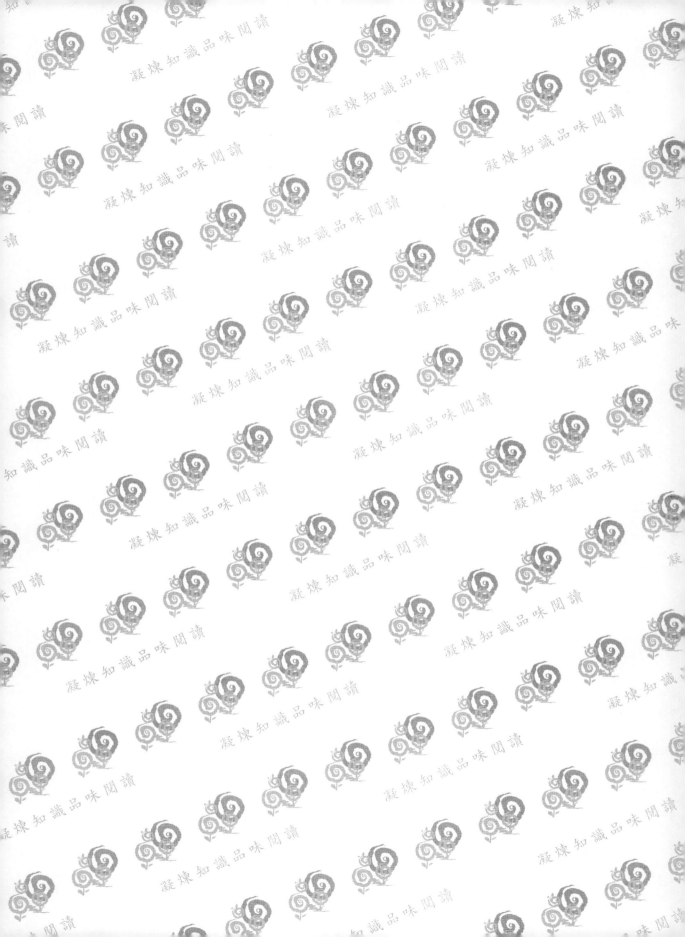

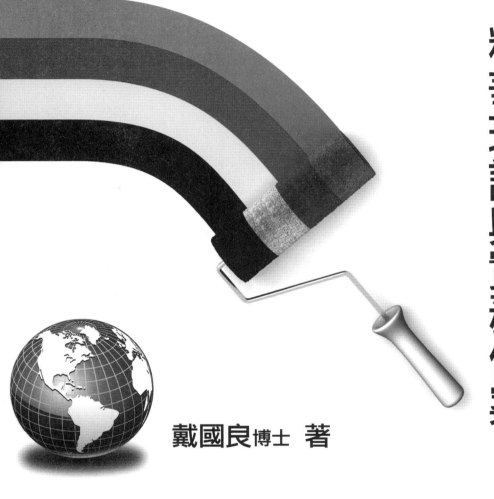

國際企業管理

精華理論與實務個案

戴國良 博士 著

五南圖書出版公司 印行

作者序言

國際企業管理日益重要

國際企業管理的重要性已愈來愈高，尤其在全球化及世界化的產業與市場發展架構之下，企業紛紛走向國際化及全球化。在此狀況下，傳統的企業管理似乎必須提升自己的戰略高度與廣度，以跨國化及國際化的企業管理知識與技能，來因應企管時代的巨變。如今，台商早已奔赴中國大陸設廠，也早已在歐洲、美國、日本、東南亞等地設立行銷業務據點，這批台商正接受著海外事業體產銷過程的嚴格考驗及洗禮，在世界市場的舞臺上，與全球化跨國企業相互合作或競爭。

而大學企管系或國際企業學系培育出來的青年學生們，將來都勢必得在全球市場舞臺上擔任一角，進行企業間激烈的競爭與打戰。總之，傳統的企管知識已不足以應付今日世界之戰局，唯有提升自己的國際企管知識，才是唯一的解決之道。

本書特色

本書有幾項特色，如下：

（一）本書的寫法以重點式、要點式及簡單化之架構呈現，不像國外翻譯書那樣的艱深、複雜及難以學習。本書已為讀者摘要出必要知道的重點內容，沒有太多的複雜文字去包裝它。

（二）本書的構成係作者參考了好幾本國外企管教科書，然後去繁就簡，摘要出必要之精華理論內容，再加上作者廣泛地閱讀資料，進而形成本書內容架構。

（三）本書內容囊括了國際企管必要的知識內容，從進入國際市場模式、國際授權、策略聯盟、國際併購、全球組織結構、國際行銷、國際策略規劃、國際採購、國際生產與研發、國際財管、國際人資管理……等，整個架構及內容堪稱完整週全，並無遺漏。

（四）本書的最後一章（第十五章），提供了十四個國際企管的個案，供同學們做個案教學的互動研討。這些個案都是簡短型的個案，非常適合大學生參考研習。

感謝與祝福

　　本書得已出版，非常感謝我的長官、我的學生們、我的家人，以及五南圖書出版社，由於他們的支持、鼓勵與愛護，本書得以順利誕生。希望本書能帶給採用本書授課的老師們有一本比較容易教學的課本，而同學們將來學習畢業後，也都能有充份的知識與技能，在國際市場舞臺上，成為一位優秀的國際企業人及全球化企業經理人，這是作者本人對研習者所做的深深祝福與期待。

　　最後祝福大家都有一趟美麗、成長豐富、健康與平安的人生旅程。

　　祝福大家，感恩大家。

戴國良

hope88@xuite.net.

本書架構圖示

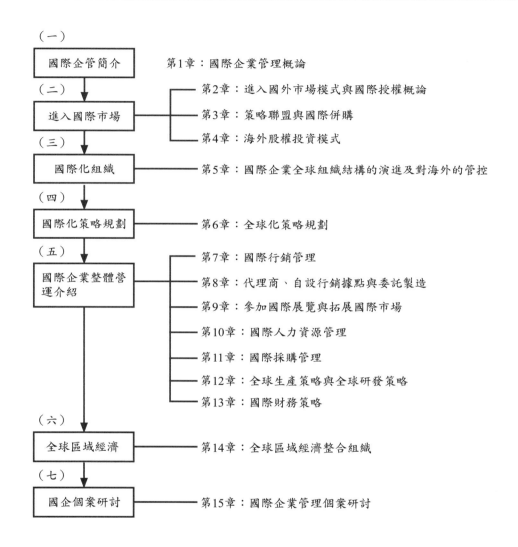

（一）
國際企管簡介 —— 第1章：國際企業管理概論

（二）
進入國際市場
- 第2章：進入國外市場模式與國際授權概論
- 第3章：策略聯盟與國際併購
- 第4章：海外股權投資模式

（三）
國際化組織 —— 第5章：國際企業全球組織結構的演進及對海外的管控

（四）
國際化策略規劃 —— 第6章：全球化策略規劃

（五）
國際企業整體營運介紹
- 第7章：國際行銷管理
- 第8章：代理商、自設行銷據點與委託製造
- 第9章：參加國際展覽與拓展國際市場
- 第10章：國際人力資源管理
- 第11章：國際採購管理
- 第12章：全球生產策略與全球研發策略
- 第13章：國際財務策略

（六）
全球區域經濟 —— 第14章：全球區域經濟整合組織

（七）
國企個案研討 —— 第15章：國際企業管理個案研討

目錄

第1章

國際企業管理概論

學習目標

第1節　國際企業定義暨全球化啟動力量

一、國際企業定義

　　學術界對於國際企業的相關名詞用語非常多樣且複雜，常見的有「多國籍企業」（multinational enterprise）、「多國籍公司」（multinational corporation or transnational firm）、「跨國企業」（transnational enterprise or transnational firm）、「國際企業」（international firm or international corporation or international company）、「全球企業」（global enterprise）等等。目前由於國際企業理論仍在持續發展當中，因而對名詞的定義也缺乏一致性的定論，但就一般通用的名詞與意涵而言，這些名詞分別意指不同的國際化程度，與母子公司間不同的互動特性，透過Barplett and Ghoshal（1989）的比較與定義，反應出不同類型企業主要策略能力的差異：

1. **多國企業（multinational company）**：企業透過對各國差異性的敏銳度和回應能力，建立起強健的當地企業形象，也就是企業在經營分散各國的一連串分公司。
2. **全球企業（global enterprise）**：將企業視為一個整體，藉由企業集團式的全球規模生產據點，獲得低成本的全球效率優勢。
3. **國際企業（international enterprise）**：藉由企業對世界性的推廣和調適，利用母公司的知識和能力綜合各國的差異化，整合全球的運作，共同開發及分享母公司的知識和能力，使分散的資產和資源相互依存。
4. **跨國企業（transnational firm）**：以整合網路為架構，調整各地組織的角色與責任，建立跨國創新程序。

　　整體而言，不論企業國際化程度與互動程度，一般統稱「國際企業」（multinational enterprise，簡稱MNE）或MNC（multinational corporation），而我國一般也採用「國際企業」的說法。然而，國際企業的經營型態目前仍在持續發展中，國際企業的內涵也隨著國際化的發展而不同，名詞的定義也隨之多樣化。

　　總結來說：「國際企業它係指在許多國家行銷、生產製造、研究開發、財務投資、行政管理及採購品管，並能取得國際資金，在海外能獨立營運子公司之跨國型企業集團。」

　　國際企業或跨國企業已成為企業集團擴大化時必然之路，而國際企業的經營管理則成為知識的必備。

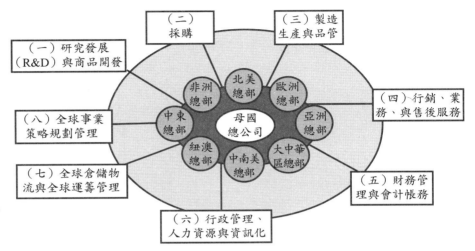

圖1-1
國際企業功能示意圖

二、什麼是全球化？

　　一家跨國企業邁向全球化，通常代表著四種經營構面的全球化，如圖1-2所示。

1. 市場（行銷）全球化（Globalization of Markets）

　　諸如下列產品，幾乎在任何國家均可看的到買的到。包括可口可樂飲料、Nokia手機、三星手機、麥當勞漢堡、SONY家電、資生堂、Chanel、Gucci、LG家電、Panasonic家電、TOYOTA汽車、LV名牌精品、李維氏（Levis）牛仔褲、星巴克（Starbucks）咖啡、花旗銀行信用卡、iphone手機、ipad平板電話、寶僑（P&G）洗髮精與幫寶適紙尿褲、萬寶路香煙、嬌生清潔生理用品、迪士尼肖像商品、HP電腦、7-Eleven等均屬之。而全球化市場正是趨動企業走向跨國經營的獲利最大誘因。「市場全球化」使跨國企業成立各地區的營運總部組織。當一個先進國家市場已漸趨飽和，不再有成長空間時，企業必然走向全球市場，才有成長的可能性。

2. 製造全球化（Globalization of Production）

　　由於製造最大目標在追求「最低生產成本」的生產據點，以及必須接近顧客市場的所在地，因為促使跨國企業必須將製造基地，從國內延伸到全球各地。由於製造全球化，形成跨國企業的低成本及接近顧客市場之雙重競爭優勢。

　　製造全球化，正代表著「製造功能」具有遊牧民族特色，「全球那裏便宜成本，就往那裏移動生產」。例如：在中國大陸、東南亞國家、中南美國家等。

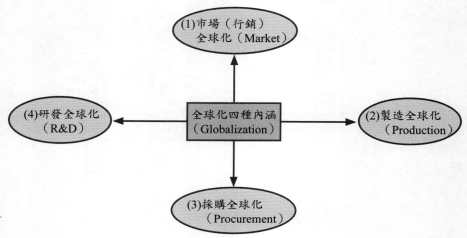

圖1-2

全球化的內涵構面

3. 採購全球化（Globalization of Procurement）

　　很多歐、美、日資訊3C電腦行銷大廠及大型零售連鎖集團，均在全球各地最便宜的地方，尋求最便宜的採購來源。包括美國Dell、Apple、HP及日本的SONY、NEC、東芝及日立等大型電腦公司及Wal-Mart、Sears、Costco、Home Depot、Carrefour（家樂福）等大型零售集團，均在亞洲中國大陸、台灣、香港等地設立有亞洲採購中心，專責全年度OEM訂單採購事宜。

4. 研發全球化（Globalization of R&D）

　　由於市場全球化及行銷本土化的影響所及，跨國企業亦已將「研發功能」，向外延伸到世界各重要市場去。例如，Intel、Microsoft（微軟）、TOYOTA、Apple、Google、Nokia、Motorola、富士通、NEC、SONY、三星、IBM、Ericsson、東芝、日立……等企業，亦已在中國北京、上

海、西安等設立「亞洲研發中心」組織，展開符合當地市場需求的產品研發設計。

研發全球化的意義，亦代表著跨國公司對海外當地研發人才與智慧的有效運用，這更增加跨國公司的研發競爭優勢。

三、全球化的啟動力量

（一）Yip學者的研究

學者Yip（1992）研究顯示，有四類啟動全球化發展的主要力量，包括：

1. **市場全球化啟動力**：市場已走向全球化，不能再侷限於自己國家內部市場。
2. **成本全球化啟動力**：研發、生產、採購、配送物流等主要成本支出，必須透過全球化規模經濟效益才能降低。
3. **政府全球化啟動力**：各國政府在世界貿易組織（WTO）架構精神以及多國雙邊自由貿易下，均已採取自由、開放與競爭的基本政策。
4. **競爭全球化啟動力**：來自國內及國外競爭對手的強力競爭。

以圖1-3及表1-1所示。

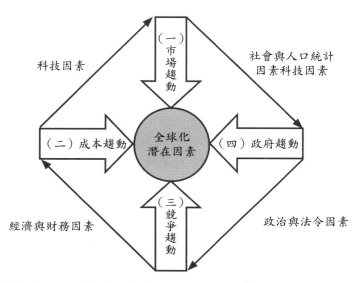

圖1-3
全球化四類啟動力量

資源來源：Yip, G. S.(1992), The Global Strategy.

表1-1
全球化啟動力量

四大啟動力量	項目	對全球化壓力
1.市場力量 （market forc）	(1)顧客力量； (2)通路力量； (3)行銷力量； (4)國家力量。	(1)全球性顧客； (2)全球性通路； (3)全球性行銷； (4)領導性國家。
2.成本力量 （cost force）	(1)規模經濟成本； (2)科技變革成本； (3)產品開發成本； (4)後勤作業成本； (5)採購成本。	(1)投入規模及成本越來越大； (2)快速； (3)大型研發投入越來越多； (4)低的運送成本； (5)集中採購。
3.政府力量 （government force）	(1)貿易作業力量； (2)科技標準力量； (3)行銷法規力量； (4)關切力量。	(1)低貿易障礙； (2)可相容的； (3)共通的； (4)全球事業。
4.競爭力量 （competitive force）	(1)競爭者力量	(1)來自不同的國家

（二）綜合學者的研究

　　另也有學者從不同角度分析帶動全球化的五種力量，作者將它們整理如圖1-4，並分述如下：

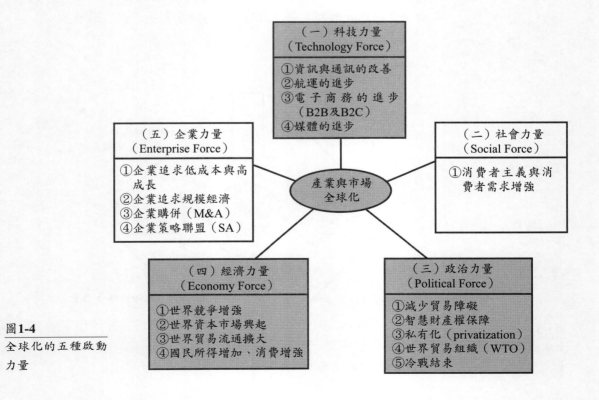

圖1-4
全球化的五種啟動
力量

1. 科技力量（Technology Force）

科技力量是促使產業與市場全球化的一種重要力量。包括下面四種因素：

(1)資訊、網際網路與通訊的改善及進步：通訊與資訊網際網路的進步，使海外據點的協調、溝通及控制，均得到及時性管理。例如衛星視訊會議，越洋電話會議（conference call）、數據資訊專線（internet）等工具應用的普及及成本的下降。

(2)航運的進步：包括人與貨物的空運及海運航線的普及以及時效提昇。包括歐洲航線、美加航線、日韓航線及亞洲航線等均有相當多的空運公司及海運公司提供便利服務。

(3)電子商務的進步：特別是在B2B電子商務方面，企業與企業之間或是總部與海外各子公司之間的採購詢價、採購下單、貨運通知、到貨通知、規格設計圖、訂單通知以及請款、付款、帳結、統計分析報表等，均已透過網際網路線上（on line）執行，可以同步在全球各個據點看到訊息並加以回應。

(4)媒體的進步：包括衛星電視媒體（satellite media）及網站新聞媒體（internet media）及行動媒體（wireless media），均能無時差快速的傳達相關產業、技術、競爭者、市場與政策訊息，使地球村縮短距離。

2. 社會力量（Social Force）

21世紀由於全球教育環境的進步與普及，全球人類的知識水準及民主素養，較1950年代已有很大的進步。

教育提昇，帶動中產階級人口的大幅增加，消費者主義及消費者的需求也大幅上升，每個國家的消費者也不再滿足於自己國家所提供的產品或服務而已，而更偏愛於全球品牌的跨國企業產品與服務。

3. 政治力量（Political Force）

自1980年代美蘇冷戰結束後及美國與中國大陸關係日益密切後，全球政治力量已從軍事對抗，轉到經貿發展與投資往來的重心上去。加上世界貿易組織（WTO）力量的擴張延伸，全球政治力量都已轉向減少貿易障礙、智慧財產權保障，及財產私有化等自由貿易與自由經濟的方向邁

進，此均有助於企業全球化的加速。

4. 經濟力量（Economy Fore）

由於世界資本市場的熱絡，包括紐約、Nasdaq、東京、香港、新加坡、倫敦、上海、深圳、台北、漢城及法蘭克福等地，使得跨國企業資金來源沒有問題。另外，全球國民所得不斷增加，及世界貿易活動流通順暢等，亦有助企業全球化。

5. 企業力量（Enterprise Force）

除了前述四種外部力量帶動全球化發展外，企業內部的力量，也是重要來源。企業力量促使全球化發展，大致有下列幾點：

(1)*企業永遠追求在最低成本的據點來生產*：尤其是跨國企業，它的生產據點本來就可以是移動的。例如日本家電工廠及電子工廠，在1970～1990年代，外移到台灣，2000年代起，又有部分將台灣生產據點轉移到中國大陸上海、昆山、蘇州、深圳、珠海、廈門、杭州、寧波及北京等。

(2)*企業永遠追求成長，亦即營收要成長*：因此，企業必須開拓新的市場，將生產與銷售據點，移到新興市場去才行。例如，統一企業迄今止，已在中國大陸蓋有二十座食品飲料工廠，競逐具有比台灣大60倍的中國市場。

(3)*企業購併（M&A）*：購併方式的崛起，更大大帶動企業版圖快速延伸向全球版圖的能力。跨國企業透過強大的資金力量，花錢或不花錢的股權互換即可以在海外購併。

第2節　企業赴海外投資「動機」（目的）

一、海外直接投資的動機分析

企業赴「海外直接投資」（Foreign Direct Investment，簡稱FDI）動機，自然有多重因素形成。大抵而言，不外是追求成本競爭力與市場拓展開發兩個主軸方向。具體而言，包括下列幾點原因：

1. 較低生產成本的利用誘因

　　包括：(1)勞力成本低；(2)土地成本低；(3)管銷成本低；(4)原料成本低；(5)運輸成本低；(6)半成品成本低；(7)製造費用低。

2. 對當地市場銷售的開發與擴大，以追求企業不斷成長。

3. 突破當地國輸入貿易的法律限制（如配額眼制、關稅稅率高）。

4. 市場資訊商情的搜集，以提供總公司的研發與行銷策略之用。

5. 取得當地國的自然資源開發權（如石油、鐵砂礦……等）。

6. 重度污染型工業在本國受到限制。

7. 解決勞工不易取得困難。

8. 全球化經營趨勢及全球市場的開發，有助於產銷的規模經濟效益化，並產生價格競爭力。

9. 本國市場規模太小，成長受限，勢必發展海外市場。

　　總之，企業赴海外投資及企業的全球化及國際化已是一股主流發展趨勢。

二、企業赴海外投資因素分析

　　另外，若從供給、需求及政治等三種層面分類，企業赴海外投資之因素，如下說明：

（一）供給面因素

1. 追求生產成本降低：在地主國提供投資誘因與優惠之狀況下，國外設廠往往比國內投資更吸引企業，因為國外提供較低成本的土地、稅賦、租金，亦可能有較低廉之水電交通供應，或是較低成本的技術、勞力等生產要素。例如：台商到大陸投資，多因看好當地可以提供密集且便宜之勞力、零組件、原料與土地等生產要素，使生產的產品更具價格競爭性。

2. 物流管理成本降低：倉儲、包裝、轉運、分配等費用亦是產品所必須承擔的，故其愈低對企業愈有利。若出口物流成本很高，企業海外直接投資生產的意願將遠大於以出口活動完成交易。

3. 自然資源之掌控目的：每一個地區所擁有的要素稟賦不同，多國企業可以利用國外直接投資的方式，在接近自然資源產品處從事生產活動。例如：美國、日本、中國大陸及英國國內因油源供應不足，其跨

國性石油公司長久以來即利用FDI取得海外油源，BP、Shell、艾克森美孚、中國大陸石油集團等公司在中東產油國均有龐大投資。

4. **快速取得所需技術**：企業可以利用併購國外企業或直接投資海外據點之方式，取得所需之關鍵性技術。而這種關鍵技術是在國內自身無法突破的。例如俄羅斯在冷戰結束後，有很多很好的航太、飛彈、生技及工程人才與技術Know-how。

（二）需求面因素

1. **接近市場，開展新商機**：許多國際營運需要企業實際參與當地市場的活動。例如速食餐廳及零售業者基於競爭之因素，必須快速且方便地供應產品給消費者。麥當勞（McDonald's）不能在美國將炸好的薯條直接空運給在日本的消費者，所以直接投入當市場設置餐廳是必要的。

   因此，很多服務業及零售業，必須在海外實際投資經營才可以。包括Wal-Mart、7-11、Carrefour、Starbucks等大型零售業均強力挺進中國大陸市場。

2. **市場優勢**：直接設廠可以提高國外企業與產品在地主國的能見度；亦可以規避關稅、限額、乃至於匯率波動所帶來之營運風險。日本本田（Honda）汽車及豐田汽車（TOYOTA）在美國設裝配廠，對其在美營運有很大助益，另外，日本大汽車廠（日產、豐田、本田、馬自達）亦均在台灣設廠投資，並有很高的市場佔有率。如果僅是靠配額進口，就不可能有如此高的市佔率。

3. **競爭優勢的運用**：FDI可使用企業直接利用本身專有的競爭優勢，特別是現有技術或經驗，來進行海外營運並獲利。為確保這些優勢的發揮與安全，具較高掌控能力的FDI即成為海外活動之主力。台商資訊電腦大廠紛到大陸長江三角洲投資設廠，亦是屬於此例。

4. **保護品牌及商標權**：為保有企業辛苦建立的品牌及商標在其他國家的完整性及杜絕冒用，多國企業常以FDI來確保其品牌資產。一般而言，擁有高價值商標或品牌的多國企業為維護其「金字招牌」，其海外營運活動多採取直接掌控的FDI方式，迪士尼（Disney）、可口可樂（CoCa-Cola）、IBM、7-11、麥當勞、Google、Apple、微軟等企業在全球營運上多採取直接投資可為證明。

5. 配合大型客戶的移動性：廠商亦可能因客戶之海外營運而必須跟隨設廠，為的是預防客戶流失與競爭者在新市場之趁虛而入。台灣塑膠下游加工業者因為本土經營環境之惡化出走大陸，迫使其實力龐大的供應商台塑集團必須認真考慮大陸直接設廠之可能；另外，國內NOKIA及MOTOROLA手機代工的零組件廠，亦因外商在大陸設廠，而不得不移到大陸去。還有，國內廣達、華碩、仁寶、英業達等筆記型電腦大廠，均已到大陸去，因此上游零組件廠也必須去。

（三）政治面因素

1. 避免貿易障礙：為保護本國廠商或市場，地主國政府常用關稅障礙或其他非關稅障礙（nontariff barries, NTBs）等手段來阻滯進口。當上述狀況發生時，企業因當地國設有出口障礙，故僅能以直接在當地投資之方式規避障礙，1980年代日本汽車廠商紛紛赴美直接投資設廠，一方面是利用強勢日圓，另一方面更是避免美國政府層出不窮的貿易障礙手段。

2. 地主國提供投資稅賦與獎勵誘因：刺激經濟發展是每個政府之施政目標之一，由於多國企業漸漸被認知為科技、資金、管理，與就業之創造者，且國外投資常是開發中國家經濟發展之重要驅動力量，所以，近年來各國政府莫不提供各種誘因來吸引僑外直接投資，這些誘因包括：搭配性投資、稅賦優惠、當地員工教育訓練補助、廉價土地提供等等。多國企業常因各國優惠方案之吸引力差異而決定最終的直接投資國。台灣自2001年起面臨經濟成長趨緩及高失業率的困境，因此政府也積極展開各種賦稅的減免及其他獎勵措施，以提供外商到台灣投資的誘因。

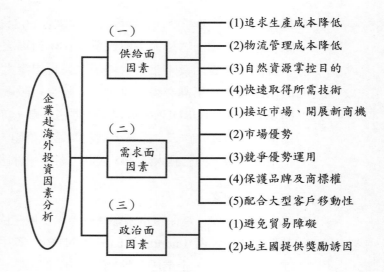

三、跨國企業對當地國之「正面影響」

跨國企業對當地國而言，大致以帶來正面影響為主，因此，世界各國都有積極性的鼓勵外資政策，特別是開發中國家，包括中國大陸最積極。

中國大陸自1978年，主張改革開放的鄧小平擊敗四人幫，重新主掌中國政權，積極主張建立具有中國特色的社會主義。首先在1980年代初期，首開四個沿海經濟特區（珠海、深圳、廈門等）大力引進外資，全力朝向經濟的改革大業。歷經30多年的改革開放及發展經濟結果，中國大陸整體經濟國力，已獲得極為顯著的躍進成果，包括國民所得GDP、外匯存底、社會內需消費零售、高科技產業發展等，都有數倍的成長績效。這主要歸功於自1980年代以來，中國大陸深化改革，走向市場經濟，大力引進外資的必然結果。

因此，歸納跨國企業對任何一個當地國之正面影響，包括下列幾點：

1. 增加外資，解決當地國在發展經濟過程中，所面臨資金不足的問題。
2. 增加當地員工的就業機會。
3. 提高當地國家的國民所得、進出口貿易額與經濟成長。

4. 促進當地國軟硬體的基礎建設之改善（如水電、交通、港口、電訊、外匯、教育、證券、資本、零售……）。
5. 引進科技技術與經營管理Know-how，並培養本地人才。
6. 促進跨國文化彼此間的交流與友誼。
7. 提高國家整體經濟國力與政治民主開放。
8. 避免戰爭的發生。

　　另外，學者Charles W.L. Hill（2001）則認為海外直接投資對當地國之利益，可歸納為四大類利益：

1. 資源移轉效益（resource-transfer effect）：
   (1)資本移轉（capital）效益；
   (2)科技移轉（technology）效益；
   (3)經營管理（management）移轉效益。
2. 雇用勞工效益（employment effect）。
3. 國家經常帳收支平衡效益（balance of payment effect）。
4. 經濟成長與競爭增加帶動效益（effect on competition and economic growth）。

第3節　案例

〈案例1-1〉

宏碁挺進NB世界第一之路

　　宏碁董事長王振堂在北京宣示，已領先同業6-9個月，推出超輕、超薄，待機達八小時的新款筆電。他說，擊敗競爭對手、拿下世界第一，「是遲早的事」。

　　全球不景氣帶動「平價商機」，宏碁抓到消費者「反璞歸真」的心理，去年雖落後華碩推出小筆電，但大軍開出「後發先至」，一舉囊括全球七成市佔率，成為全球賣最多的小筆電品牌。精準解讀市場調查與新經銷模式，是宏碁的成功之道。

　　拜小筆電熱賣所賜，加上宏碁成功購併Gateway、e-Machine、Packard Bell效應逐步加溫，宏碁去年第四季

筆電全球排名已緊追在惠普之後，今年改打「多品牌、多產品戰略」，推出訴求超輕、超薄的英特爾CULV平台筆電，被外資視為超級殺手級產品，一旦押寶成功，宏碁今年在筆電市場將邁向王者之路，挑戰世界第一。

宏碁精確解讀專業市調，找到滿足消費者需求的利基，一舉擴大市場規模、降低成本，提供比同業更有競爭力的價格，把利潤分享給經銷通路，一起搶攻市佔率，這就是宏碁的成功之道。

（資料來源：經濟日報，2009年4月8日）

宏碁品牌策略			
多品牌策略	組織國際化	產品快速反應	行銷手法
時間 2007	2008	2008	2009
重要變革 併購北美Gateway（含eMachines）及歐洲Packard Bell	義大利籍蘭奇擔任CEO	轉向投入研發NetBook，第四季一度擊敗惠普	全球三大洲同步發表首款CULV NB

資料來源：聯合知識庫

CULV筆電vs. Netbook小筆電		
項目	CULV筆電	Netbook小筆電
尺寸	10吋以下為主	11.6吋-15吋
運算速度	快	普通
電池續航力	最多可撐9小時	有些可撐5-6小時

資料來源：宏碁

〈案例1-2〉

正新躋身全球輪胎十大

正新橡膠總經理陳榮華表示，因應全球汽車產業不景氣，正新今年將全力搶攻售後補修市場。正新集團去年合併營收近800億元，較99年成長15%，可望擠進全球前十大輪胎製造廠之列。

儘管不景氣，正新的全球擴廠動作仍持續進行，其中位於泰國、投資1.5億美元興建的新廠最近完工，第一階段轎車胎廠預計下月投產，日產能3,000條；第二階段卡車胎廠將在年底投產，日產能可達1.3萬條。

另外，正新在廈門海燕廠的擴廠

計畫也陸續完工，主要生產卡客車輪胎，新廠投資後，廈門廠日產能將由目前的4,000條增至7,000條，鎖定大陸內銷市場。

陳榮華指出，中國大陸「汽車下鄉」政策從3月1日起實行，可望激勵當地新車銷售成長，加上大陸是成長中的市場，元月更超越美國，成為全球最大的汽車生產國，未來對汽車輪胎的需求極具潛力。

正新橡膠資本額150億元，自創「MAXXIS」品牌，目前在台灣、上海、天津、廈門及泰國、越南等地，設有六座生產基地，並在荷蘭、美國等地建構五座技術研發中心，在華人地區輪胎廠排名第一，2010年全球排名第11。

（資料來源：經濟日報，2011年2月14日）

〈案例1-3〉

台灣台啤登陸中國先攻廣東及福建

經過多年努力，台灣啤酒終於在日前成為第一個在中國大陸成功註冊商標的台灣酒類產品，台啤將從5月6日起正式登陸銷售，搶佔規模百倍於台灣本土市場的大陸啤酒商機，目前台啤已經鎖定廣東和福建作為打開市場的灘頭堡。

對此，台灣菸酒公司總經理徐安旋指出，台啤登陸將分為三個階段。初期採取直接銷售的方式（直接送產品進入大陸），並以「罐裝啤酒」作為主力，先以口味與台灣相近的福建、廣東兩省為主戰區；中期計畫則鎖定華南、華中、華北等大陸不同地域，研發因地制宜口味的啤酒；長期則以就地OEM（原廠委託製造）及策略聯盟合資設廠方式，進行全方位行銷。

台灣菸酒公司董事長韋伯韜表示，台灣啤酒商標案從今年2月6日開始公告，經三個月公告期無異議後，即可取得商標登記證，再計畫於5月6日正式在大陸銷售。至於登陸的台啤外觀將維持原貌，但文字則改為簡體字。

知情人士表示，2010年大陸啤酒市場銷售量達3,940萬噸，約是台啤年產量的100倍。因此台啤只要能在大陸一些關鍵區域取得1%的市場佔有率，就是一筆為數不小的進帳，這自然對台啤產生強大的吸引力。

韋伯韜強調，台啤今年進軍大陸市場，預計可增加十分之一的銷售量，相當於新台幣30億元的營收。另外，他還透露，「玉山高粱」商標也已向大陸相關部門遞件申請中。

（資料來源：工商時報，2011年3月24日）

中國大陸三大啤酒業者概況

名稱	市場佔有率	市場銷售量	銷售量同比成長	銷售收入
青島啤酒	15%	538萬噸	6.5%	約175億元
燕京啤酒	12%	422萬噸	5.8%	112.2億元
雪花啤酒（華潤集團）	18%	約700萬噸	約5%	約228億元

單位：人民幣

〈案例1-4〉

特力居家連鎖店登陸經營要「在地化」

目前在大陸擁有二十家居家連鎖店的特力集團，是台商大陸經營通路成功範例，特力集團董事長何湯雄強調，「經營大陸市場一定要在地化」，根據他的觀察，台灣服務與行銷人才仍領先大陸同業，從大陸建案競相聘請新聯陽、甲天下代銷就能看出。

特力集團一九九二年就進入大陸投資，早年主要以貿易、蠟燭與燈具產銷為主，自有居家連鎖店和樂（Hola）一直等到二〇〇四年才登陸設點。

何湯雄表示，歐美市場出口不好，特力集團的貿易部門當然有受衝擊，所幸大陸內銷市場仍然暢旺，以往和樂單店營收，每年成長幅度高達二五％，今年受全球經濟不景氣影響，雖不如以往，但起碼仍有一〇％成長。

就何湯雄觀察，大陸幅員廣大，不同城市有不同消費文化，也因此，到大陸發展一定要本土化，不本土化就很難成功，何湯雄說：「台灣床單必須要有設計感，顏色最好淡一點，上海人喜歡床單上有小碎花；大開大闔的北京人，則偏愛鮮豔的大花被子。」

何湯雄說，台灣與大陸同文同種，在大陸拚內銷，一定比外商有優勢，和樂現在才開始發展零售，大陸央視廣告費又貴得不得了，但是看在這麼龐大市場，無論成本如何，特力也得投資。

（資料來源：工商時報，2011年5月10日）

〈案例1-5〉

中國GDP躍居世界第二

「2010年，中國經濟規模已超越日本」，清華大學中國與世界經濟研究中心李稻葵表示，中國經濟增長速度已開始上升，中國經濟以8%增長，2010年底已超越日本。

針對中國經濟規模超越日本的問題，稍早，日本前首相福田康夫曾在本屆博鰲論壇中表示，雖然一個國家不能僅以經濟規模來衡量，但若僅以經濟規模來看，「2020年中國可能超越美國，並且是日本的4至5倍，印度也將達到日本的2倍。」

（資料來源：工商時報，2011年5月18日）

2010年全球GDP產值前五名		
排名	國家	GDP產值
1.	美國	14.33
2.	中國	4.844
3.	日本	4.222
4.	德國	3.818
5.	法國	2.978

單位：兆美元

〈案例1-6〉

中國GDP，預估2018年起超越美國

中國大陸社學科學院研究生院院長劉迎秋來台參加2020兩岸產業大趨勢論壇，他表示，如果中國大陸持續保持每年在9%的經濟成長率遠度，最快到2018年中國經濟實力就會超越美國，最慢落在2025年。

去年中國大陸GDP總值為4.9兆美元，日本則是5.7兆美元，中國大陸已經贏過日本成為全球第2大經濟體。過去英國高盛集團預測到2035年中國就會超過美國，前提是中國大陸的GDP成長率以每年5%的遠度往前衝，前年則修正為在2027年中國將會超越美國。普華永道則是預估2020年中國將會超越美國，2020年印度將會贏過中國，成為全球第1大國。

本章習題

1.請說明國際企業之定義？

2.何謂全球化？試從四個構面圖示之。

3.試說明學者Yip認為啟動全球化發展的四類力量為何？

4.試說明企業赴海外投資的動機為何？

5.試說明跨國企業對當地國有何正面影響？

6.2010年時，中國GDP已躍居世界第幾位？

第2章

進入國外市場模式與國際授權概論

第1節　進入國外市場模式（佈局全球）及其決定因素

一、進入國外市場模式（Entry Mode）

隨著產業全球化與將全球統合視為一個市場的兩大趨勢下，大型企業以跨國經營姿態進入國外市場，已形成一股不可遏止之風潮。

在這種發展理念下，對如何進入國外市場的研究，顯然具有時代性的價值。

美國喬治亞大學卡發拉斯（A. G. KAFALAS）教授，在其名著：「全球化企業戰略」（Global Business Strategy）（1990）中曾指出，企業進入國外市場可採用三種模式，這包括：

（一）出口模式（Export Mode）

即一個出口策略，可由下列步驟形式：

1. 評估產品的出口性。
2. 評估公司的適合性。
3. 決定出口的方式（直接出口或間接出口）。
4. 決定財務方式（收款方式）。
5. 組織後勤作業。

出口模式代表廠商以空運及海運方式，將本國產品運送到全球其他國家去，即進入了該國市場內。

（二）合約的管理模式（Contractual Arrangement Mode）

這種模式可區分為九種類型：

1. 技術授權（licensing）。
2. 特許經營（franchising）。
3. 管理合約（management contract）。
4. 合約製造（contract manufacturing），例如OEM。
5. 整廠輸出（construction-turnkey contract）。
6. 技術支援協議（technical assistance agreement）。

7. 服務合約（service contract）。

8. 研發合作協議（R&D cooperation agreement）。

9. 協助生產協議（co-production agreement）。

（三）投資進入模式（Investment Entry Mode）

以資本投入國外市場是所有進入模式中具有最大承諾與投入最多資源的方式。基本上它可區分為兩種型態：

1. 直接海外投資（Foreign Direct Investment）（簡稱為F.D.I）：這是一種投入資本投資，以「獨資經營」或「合資經營」的權益型態，並且實質的參與所有在海外工廠與行銷的經營與管理事務。

2. 海外投資組合（Portfolio Foreign Investment）：這種方式與前者的差異是，它僅著重在財務與股權投資，但較少介入產銷營運事宜。

茲將前述彙整如下圖所示：

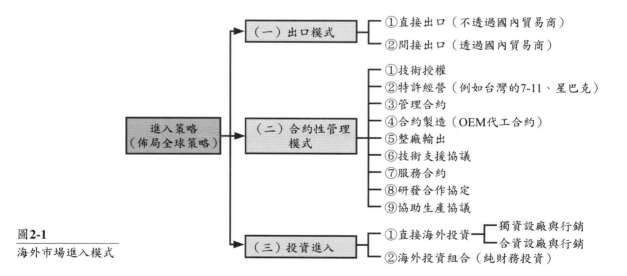

圖**2-1**
海外市場進入模式

二、進入模式的考量因素

學者Culler（2005）認為採取那一種方式進入當地國時，應考慮到下列幾點：

(1)當地政府的規定如何。包括合資規定、關稅規定、專利法規定、內銷規定等。

(2)公司的策略意圖是什麼。是獲取利潤、是先佔市場、是戰略性行動、是合作學習、是獲取稀少資源等。

(3)公司的能力如何。公司可以國際化的人力、物力、財力各為如何。

(4)目標產品與市場的特徵。應評估自身公司的產品,與當地市場的特性是否相契合。

(5)母國與目標國家之間的地理與文化差距。應深入評估母國與當地國家的地理距離,及文化差距是否很大或很小。

(6)投資的財務風險。母公司也應考量到海外當地國的投資,其財務風險會有多大,母公司是否可以承受。若不能承受則用出口或技術授權模式。

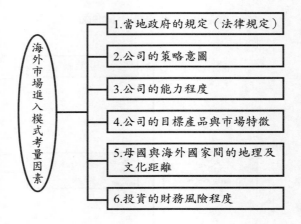

圖2-2
海外市場進入模式
考量因素

三、海外直接投資的優缺點

國外學者Franklin(1994)曾提出海外直接投資的優點及缺點,如下表所示。不過,總括來說,以今日跨國直接投資之聯繫及普及,顯見直接投資的優點是大於缺點的。

表2-1
外人直接投資的優
點與缺點

優點	缺點
(1)對產品行銷和策略控制更深	(1)擴大資本投資
(2)以較低的成本向地主國提供公司產品	(2)管理人才流失，用於外人直接投資或培訓當地管理人才
(3)避免對原料供應與最終產品的進口配額	(3)增加協調遠距離分布於世界各地的單位成本
(4)調整產品以適應當地市場	(4)投資更多，暴露於當地徵收的政治風險
(5)更好的當地產品形象	(5)暴露於更多的財務風險
(6)更好的售後服務	
(7)更好的利潤潛力	

資料來源：Adapted from Root, Franklin R. 1994. *Entry Strategies for International Markets*. New York: Lexington Books.

四、國家風險評估

　　跨國公司不管是用出口、技術授權、合資、獨資、策略聯盟等方式拓展海外當地市場，難免都會有當地國的國家風險或政治風險因素，尤其是落後國家更是。英國Economist Intelligence Unit（www. eiu. com）是評估國家風險最專業的公司，各位可以上網參考。

　　該公司對全球各國家風險評估的六大類風險，包括了：

(1)安全風險（犯罪或其他犯罪活動的程度，如：綁架、搶劫與勒索等）。

(2)政治穩定風險（政府穩定程度）。

(3)勞動市場風險（員工與工會和諧的程度）。

(4)法律與管理風險（司法體系的有效性以促進企業運作）。

(5)基礎建設風險（基礎建設發展的程度）。

(6)稅收政策風險（稅務負擔與企業風險的程度）。

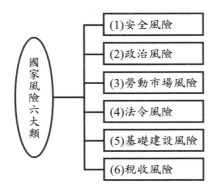

圖2-3
國家風險評比的分類

國家風險六大類
(1)安全風險
(2)政治風險
(3)勞動市場風險
(4)法令風險
(5)基礎建設風險
(6)稅收風險

第2節　國際授權與國際特許經營

一、國際授權的意義與方式

（一）國際授權的意義

國際授權（International Licencing）是跨國企業進入國外市場常用的一種方式，此種經營方式與貨物出口及直接投資比較，不需要投入資金，也不必承擔經營風險。

國際授權意指「授權者」（licensor）與國外的被授權者（licensee）達成協議，簽訂合約，由授權者授權，允許被授權者使用獨有的商標（trademark）、專利（patent）及專門技術（know-how）或其他經營管理與著作權技術。

（二）國際授權的三種標的

國際授權一般主要包括(1)專利的授權（license）、(2)商標的授權（authorize）及(3)專門技術的移轉等三種標的。

圖2-4
國際授權方式　　　資料來源：本作者研究整理

二、商標授權（Trade Mark）

1. 商標權的意義

(1)商標是一種名稱、圖案或是符號，讓生產者或銷售者用來確認其與其他產品之區分。

商標權與專利權一樣，商標也必須在各個國家登記才受到保護，保護期限一般是七年到二十五年，通常還可繼續延展下去。

(2)取得國外當地的商標權，是企業前往當地從事商標授權的前提。

在大多數國家中，第一個登記商標的人就被視為法律上擁有此商標。

(3)不過，在美國或其他英系法律系統的國家，則必須先登記該商標先前有過商業性的使用，才能取得商標保護。在美國，「藍罕法案」（Lanham Act）列明了哪些符號和名稱能被法律保護，並制訂了登記程序。但登記並非強制性的，也不因此而擁有商標權，外商必須證明它在美國是第一個使用這個商標者（最常用的方法是用這個商標來銷售產品），而且還必須持續使用此商標才能得到保護。

2. 商標權的策略運用（例如迪士尼米老鼠、日本Hello Kitty等商標權）

純粹的商標授權（無專利授權與使用或技術移轉），近年來發展很快。例如可口可樂即以商標授權方式，允許別廠商的牛仔衣褲、風衣、運動衫、兒童洗髮精、兒童玩具、兒童讀物等掛其商標銷售。

三、專利權的意義與策略運用（Patent）

專利授權是授予製造、使用及銷售專利的產品或製造流程。

專利是一項由政府公佈的公開文件，允許擁有者在特定的期間內，獨占這項專利所描述的發明，而他人不得製造、使用或銷售這項發明。

許多產品由於其技術及零組件為別的廠商的專利，則必然須經授權後方能製造，使得該產品的銷售經常受到該授權合約的限制。

四、專門技術授權（Know-How）

授權者將「技術」移轉給被授權者的方式，主要有下列兩種：

1. 將技術附在實物上，提供給被授權者；實物通常包括：機器設備、專利權、藍圖、製程說明，以及其他技術資料等。
2. 經由技術人員的接觸移轉給被授權者；此種方式包括提供顧問指導，選派人員到授權者處受訓。

技術移轉的六種方式

根據我國工業技術研究院所做過的調查，歸納出國內廠商接受外商技術授權後，實際進行技術移轉的方式有六種，其普及化程度依序為：

1. 採用對方提供技術資料及藍圖。

2. 選派技術人員出國訓練。

3. 對方派遣技術人員駐廠指導。

4. 對方提供原料或零件。

5. 對方提供機器設備及試驗儀器。

6. 使用對方專利權。

在授權活動中，雙方在契約應注意的重點為：

1. 明定合約雙方的各項權利義務界限。

2. 制定授權金的比例與收取方式。

3. 明定合約的有效期限，及其爭議的解決方式。

一般來說，專利產品或程序，在實際製造過程中，必然要透露其中所含的「訣竅」，如秘密資料或情報、設計、藍圖、程序、公式、電腦程式，因此，為使被授權人得以順利製造該專利產品或使用該專利程序，授權人勢須把「訣竅」也授予被授權人使用。

由於技術飛躍發展，純「訣竅」授權（即不和專利或商標授權連在一起）已變得非常重要。不少公司已把它們的研究部門所發展出來的新發明、程序和方法，全部或一部份授予被授權人使用，而不願申請專利，以免透露給公眾外界。

由於不公開，所以所謂「訣竅」並無明確及普遍接受的定義，因而在授權協議中須加確切說明。

五、國際特許經營（International Franchising）

（一）國際特許經營的意義

經營特許也是一種授權，此時特許者（franchisor）給予受特許者（franchisee）在某一特定地區使用其商標、商號及其他財產來從事商業經營的權利，由此收取權利金或特許費，例如統一7-Eleven。

特許者通常給予承受者不斷的支援，例如人員訓練及供應品，麥當勞漢堡店即為最明顯的例子。

經營特許與授權的不同，係由特許授權者（licensor）持續性地將新發明或經營know-how授予特許被授權者，以提昇其生產技術與經營能力，由此收取特許權利金。換言之，一般之技術或品牌授權者一般並不提供全套的知識／技術與持續性之管理服務，但特許授權者則必須不斷地支援其被授權者，供應產品及人員訓練。

可見國際特許經營屬於較特別的一種授權形式。授權商必須提供更多支援給被授權商，且國際特許經營是現今成長最快的國際商業活動，特許合約同意由獨立企業或組織（稱被特許者franchisee）以使用特許者（franchisor）之名來進行商業活動，在活動過程中仍必須支付權利金。特許者必須提供商標、營運系統及產品商譽和持續的支援服務（如：廣告、訓練、服務及品質系統等）給被特許者。

（二）國際特許的成功因素

1. 在母國已建立獨特產品及優勢營運系統，進而跨入國際活動中。

2. 整個技術易於轉換到國外市場。

3. 國外投資者必須對特許經營有興趣。

4. 特許授權者能持續提供價值予被特許者。

5. 被特許者願意依特許經營契約之約定，從事營運並支付特許權利金。

六、技術授權的原因

一家公司之所以採行國際技術授權，而非以直接投資方式進入到跨國市場，常植基於下列各項可能因素：

1. 以技術授權為工具，為公司擴張並取得市場行銷的出路：公司常透過技術授權方式來檢驗公司產品在海外市場的潛力或建立商譽及普遍接受性，使公司在高關稅或其他貿易限制下能繼續維持或進入國外市場。

2. 為保護公司專利及商標，使其免受侵犯、損壞或喪失，因為在很多國家內，保護專利或商標的唯一辦法就是去「使用」它，而且還可取得權利金收入。

3. 為取得互惠利益：經由互惠性（reciprocal）或交互（cross）授權協議，公司可獲得對方所發展出來的專門知識或技術訣竅或新產品；而

當對方的R&D成本較低時，本公司所獲得的利益將更大。

4. 可為工業產權取得新增的額外收入，以分擔公司先前投入的巨額R&D成本，並做為後續更尖端研究之預備經費。

七、使用技術授權的因素

從授權者的觀點及立場來看，他們傾向使用海外技術授權的因素，主要有幾點：

(1)該公司缺乏出口或對直接投資所需的人才、資金及管理經驗等。

(2)該公司對海外市場，想要以最少的投入而獲取額外的獲利。

(3)由於授權技術已是過時，或非核心最重要技術業務。

(4)該公司希望在規模太小而不值得大筆投資的次要市場以技術獲利，因該海外市場經濟規模可能不足。

(5)當地國政府限制不得進口或不得直接投資或有國有化風險時，亦得採技術授權。

(6)海外被授權者未來不太可能成為競爭者。

(7)技術變化太快，授權者有能力保持不斷領先創新，因此把次要技術授權給他國。

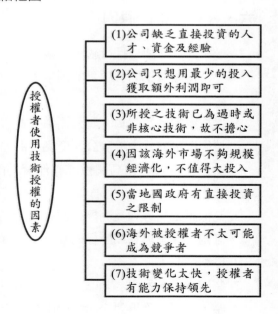

圖2-5
授權者使用技術授權的因素

而被授權者的立場來看，技術授權的好處為：

(1)能以更廉價，更快速及低風險的方式取得技術授權或產品。

(2)能獲得多樣化的產品，以善用產能或行銷能力，拓展事業規模。

八、技術授權者的優點

從授權人觀點來看，技術授權的存在優點，可含括以下幾項：

1. **可承擔較小的經營風險**：缺乏國際化經營或資金能力有限的企業，如能以技術授權方式進入國外市場，即可避免承擔高度的海外直接投資風險，而達成擴展國外市場的目的。另外，在市場較狹小的地區，更可逕以技術權掌握該市場。因此，技術授權常做為由出口模式到赴海外直接投資間的一種過渡性或階段性經營方式。

2. **開發市場的較佳方法**：當國外市場太小，不足支持一最低規模的製造設備時，技術授權將成為開發該國市場的最佳方法。

3. **克服進口限制與投資限制**：有些國家如日本、印度等國，不僅嚴格限制外資進入，同時也不准某些外國貨品進口，只有對當地企業技術授權方為其我允許，此時技術授權勢必成為進入該國市場之唯一途徑。

4. **保護專利及商標權**：在許多國外市場中，防止專利及商標權被盜用的最好方法，莫過於運用它。利用技術授權方式委由別人代為運用，不但可防止被盜用，又可增加企業利潤。

5. **可做為行銷先鋒**：技術授權常能使經由某項產品在國外市場廣被使用，而使當地顧客熟悉其品牌或商標；若以此再輸入該公司其他產品，自然更易被接受。

6. **投入成本低**：國外技術授權係將現成的技術輸出，僅須一點點人員成本，即可賺取技術報酬金。

九、技術授權者的缺點

以技術授權方式進入國外市場，雖有前述優點，但也不是沒有缺點，缺點可能含括：

1. 介入程度有限：廠商只是有限度的投入，製造及市場行銷過程均不涉入。

2. 較不易控制被授權者的經營活動：由於授權者對被授權者之經營作業的控制程度，遠弱於自行直接投資，因此當被授權者的生產、行銷或品管上疏於管理時，極易破壞授權者在消費市場中的「品牌印象」。

3. 培養潛在競爭對手（establish competitor）：當被授權者擴張到某一程度，而不再需要授權者的支援時，常會主動要求解除授權合約關係。此時，被授權者經由多年的經營，已在當地建立良好的信譽，實力日漸雄厚，極易成為授權者的競爭對手。

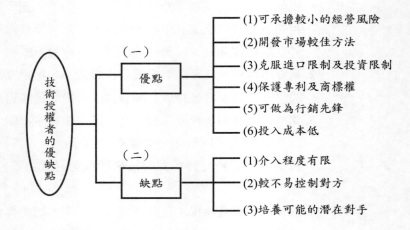

十、技術授權者的風險

1. 被授權者無法維持一定的產品水準或品質。

2. 被授權者在業務上有不當的行為，將危及授權者的聲譽。

3. 被授權者的獲利或許未能如當初預期。

4. 被授權者未來有一定可能性會變成競爭對手。

5. 被授權者並無善意遵守條款。

十一、被授權人的缺點

以上都是從授權人方面來分析授權的利弊，現從被授權人及其國家來

看，亦有幾點值得注意：

1. 技術授權有助於被授權國的技術與經濟發展，但是否完全如此，仍有爭論之空間。
2. 授權人對所授之技術，始終保留重大的控制力，不會全盤傳輸。
3. 被授權人常發現他們所擁有的，只不過是一些過時的技術和缺乏競爭力的產品。
4. 授權人不完全同意被授權人的管理哲學及市場營運政策，因而導致不協調與不愉快。
5. 被授權國家的技術發展可能因技術授權而趨於荒廢，導致倚賴外國技術。

十二、傾向技術授權選擇的狀況條件

根據國外學者研究，國外技術授權選擇的條件大致可為：

（一）Negandhi（1987）教授：根據多項實證研究結果認為，技術擁有人在決定直接投資或授權時，有下列傾向：

1. 企業規模愈小，愈傾向授權。
2. 企業國際投資的經驗愈少，愈傾向授權。
3. 企業產品多角化程度愈高，愈傾向授權。
4. 企業產品線成熟度愈高，愈傾向授權。
5. 母國與地主國市場和經濟的同質性愈高，愈傾向授權。
6. 企業主觀意識到經濟和政治風險愈高，愈傾向授權。
7. 地主國政府要求當地化的程度愈高，愈傾向授權。

（二）Richard E. Caves（1982）教授：則認為技術擁有人在下列情況下，較喜採授權來移轉技術：

1. 企業有可出售的技術，但缺乏對外直接投資的經驗或資源。
2. 市場太小，不能保證直接投資有利或產品生命循環很短。
3. 對外直接投資為法令所限制，或有較高的政治經濟風險。
4. 透過交互授權（cross licensing）可獲得互惠利益。
5. 可避免專利權爭訟或競爭性的技術發展。

表2-2
技術授權彙總摘示

一、技術授權的方式	二、技術授權的原因	三、技術授權的優點	四、技術授權的缺點	五、技術授權選擇的條件
1.商標授權。 2.專利權授權。 3.專門技術授權。 4.經營特許 franchis-ing。	1.以此為工具為公司取得市場行銷的出路。 2.為在國外能有效保護專利及商標。 3.為取得互惠利益。 4.新增額外收入，以分擔R&D成本。	1.可承擔較小的經營風險。 2.是進入較小市場的最佳方式。 3.能克服進口限制與投資限制。 4.能有效保護專利及商標權。 5.可做為行銷先鋒。 6.投入成本低。	1.廠商的介入程度恐屬有限。 2.較不易控制被授權者的經營活動。 3.培養潛在競爭對手的危機。	1.Negandhi教授： (1)企業規模愈小，愈傾向授權。 (2)企業國際投資的經驗愈少，愈傾向授權。 (3)企業產品多角化程度愈高，愈傾向授權。 (4)企業產品成熟度愈高，愈傾向授權。 (5)市場及經濟同質性愈高，愈傾向授權。 (6)政治風險愈高，愈傾向授權。 (7)地主國政府要求當地化程度愈高，愈傾向授權。 2.Richard Caves教授 (1)缺少對外直接投資之經驗或資源。 (2)市場太小，生命循環很短。 (3)為法令所限。 (4)政經風險過高。 (5)避免競爭性的技術發展。

資料來源：本作者研究整理

十三、國際授權的風險（International Licensing Risks）

（一）Aulakh et al學者：學者Aulakh et al（1998）曾提出國際授權的三類風險，包括：

1. 當地國的經濟與法令因素之風臉。

2. 被授權者的投機行為（opportunistic behavior）。

3. 在授權技術或授權know-how價值評價的不確定性。

（二）Sandra Mottner學者：另外，學者Sandra Mottner（2000）也提出七項國際授權可能產生的風險，包括：

1. 品質風險（quality risk）：即被授權者是否有能力或認真的製造出應有的標準品質水平。

2. 製造風險（production risk）：即被授權者是否在既定的時間內，製造出應有的數量，不會過多，也不會短少。

3. 支付風險（payment risk）：即被授權者不能準時支付授權佣金，或是有所隱瞞生產量或銷售量，而減少支付。

4. 投機主義風險（risk of opportunism）：經濟學者Williamson（1975）曾提出著名的投機主義理論。被授權者也有可能在私利與自利心下，偷竊技術秘方與know-how，成為自己擁有，或經略微更改，再申請為自己的專利權。

5. 次佳選擇（sub-optimal choice）：在海外直接投資自行設廠與海外授權委託等二種不同方案決策上，國際授權很可能形成次佳的選擇，而捨棄了對公司最有利的最佳選擇方案。

6. 合約執行風險（contract enforcement risk）：在面對前述多種風險下，授權合約能否依原訂規定，被忠實的執行及監督，是存在疑問的。

7. 行銷控制風險（marketing control risk）：被授權者能否很傑出的投入行銷活動，而有很好的銷售業績，從而必須支付較多的授權佣金。

十四、國際授權的管理機制

學者Sandra Monttner（2000）針對國際授權風險，提出國際授權的管理機制，期使風險能降到最低，這六項應有的管理機制，包括：

1. **做好整體授權規劃（planning）**：授權者應該從全球佈局來考量，評估哪些國家應該直接投資設廠，哪些國家要採取技術授權，以及國際授權應有那些選擇指標，以及授權條件規範等內容。

2. **做好被授權者的評選（licensee selection）**：慎選與決定國際被授權夥伴，也是一件重要之事。有好的被授權夥伴，才能減少可能的潛在風險。

3. **授權佣金方案的選擇（compensation choice）**：根據學者Anlakhetal（1998）的實證研究顯示，在國際授權佣金支付方案上，選擇採取以「權利金基礎」（royalties-based）的方案（註：按營收額或生產量某個百分比為給付基礎），遠較「固定一筆支付」（lump-sum fee）方案為佳。

4. **雙方良好關係的維繫（on-going relationship）**：實證顯示，授權者與被授權者雙方若能保持信任、友誼與互利的良好關係，則就不易發生投機行為，並且獲利績效亦較佳。雙方關係不佳，則很多問題與風險就會層出不窮。

5. **合約詳細規範（contract specification）**：對雙方授權細節項目，在合約上應該詳細且週全的規範清楚，讓雙方在法律架構下，依法而行，而不要有太多人為主觀因素涉入其中。

6. **應有授權功能的專責組織負責**：授權者公司組織內部應該有一個專責的單位及人員，負責規劃、管理與監督全球授權事業之發展，則較易保持授權業務績效。

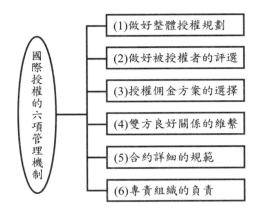

圖2-6
國際授權的六項管
理機制

十五、技術授權合約書的主要項目

1. 授予的權利：專利、註冊商標、註冊設計、營業機密、技術或版權等，應清楚描述有形產品或無形產品或智慧財產權。

2. 應支付的酬金及支付期數。

3. 合約的有效期間。

4. 雙方公司的名稱、註冊地點、主要營運地點。

5. 合約雙方各自的角色。

6. 技術授權、產品及銷售地點的規範。

7. 定義特殊名詞的意義。

8. 各種進度的列入。

9. 描述有關獨家的製造及銷售權利。

10. 描述到期後的狀況規定。

11. 賦予被授權者未來自行改良的權利。

12. 描述不被第三者侵權的狀況。

13. 描述應達到的最低績效（例如最低權利金、最低銷量等）。

14. 描述違反合約時的應處理方式及措施。

　　下表有更詳細的技術授權內容項目，請參考。

表2-3
技術授權協定內容
細項

授權內容	使用條件	補償	其他條款
(1)專門技術：特別的知識或技術	(1)人：哪個公司可以使用授權的專利	(1)貨幣：用哪種貨幣	(1)終止：如何終止協議
(2)專利：使用發明的權利	(2)時間：授權可持續多久	(2)日期：何時必須支付補償	(2)爭議：採用什麼類型的爭端解決機制
(3)商標：品牌名稱，例如Levi's	(3)地點：授權的哪些國家可以用，哪些國家不能用	(3)方式：費用是一次付清、分期付款或支付以利潤百分比的許可使用費	(3)語言：合約的官方語言為何
(4)設計：複製生產設計或最終產品的權利	(4)保密性：保護貿易機密的條款	(4)最小額支付款：有關支付最小特許使用費的協議	(4)法律：合約適用哪個國家的法律
(5)版權：智慧財產權的使用如書籍或CD	(5)績效：被授權者要做些什麼	(5)其他：技術服務、產品改良和培訓費用	(5)懲治：如果雙方任何一方達不到要求會有何種懲治
	(6)改進：關於更新改良時，授權者與被授權者的權利		(6)報告：被授權者何時及報告些什麼
			(7)檢查與審計：授權者有什麼權力

資料來源：Adapted from Beamish, Paul J., Peter Killing, Donald J. Lecraw, and Allen J. Morrison, 1994. *International Management*. Burr Ridge, IL: Irwin; Root, Franklin R. 1994. *Entry Strategies for International Markets*. New York: Lexington Books.

本章習題

1. 請圖示企業進入國際市場之三類可能模式有那些？

2. 請說明何謂國際授權？

3. 何謂經國際特許經營？

4. 試說明技術授權的原因為何？

5. 試簡述技術授權有何優點及缺點？

6. 試說明國際授權管理的機制有那些？

7. 試說明技術授權契約有那些內容項目？

第3章

策略聯盟與國際併購

學習目標

第1節　策略聯盟

一、策略聯盟的意義與方式

策略聯盟（Strategic Alliance）是全球競爭遊戲中，很重要的一個部分，是企業在全球市場上制勝的關鍵。如果你想要在全球市場上獲勝，最不智的作法，莫過於自認可以完全靠自己的力量，贏得全世界。

（一）定義

策略聯盟是指企業個體與個體間結成盟友，交換互補性資源，各自達成階段性策略目標，最後，獲得長期的市場競爭優勢。

（二）策略聯盟的方式

1. 有資本投入合作（股權合作）

(1)成立新的合資企業（合資設廠）；

(2)彼此交換股權／交叉持股，成為對方的新股東；

(3)雙方舊公司合併（merger）成立新公司；

(4)收購（acquisition）對方的某一公司或某一事業部。

2. 無資本投入合作

(1)R&D共同研發合作；

(2)技術授權合作；

(3)業務行銷合作；

(4)生產合作（OEM）；

(5)財務融資合作；

(6)資訊情報合作。

如果從水平與垂直整合角度來分析策略聯盟的種類，大致可區分為三種：

1. 水平式策略聯盟（Horizontal Alliance）；

2. 垂直式策略聯盟（Vertical Alliance）；

3. 多角化策略聯盟（Diversification Alliance）。

價值鏈 股權	R&D 採購	採購	生產（製造）	行銷（業務）	財務（資金）	後勤配送	技術	資訊情報	品牌	人力資源
有股權投資				策略聯盟合作						
無股權投資										

價值鏈：Value-chain，係指企業的營運活動的過程，這些過程均能為企業創造及產生附加價值及利潤，故稱為企業的價值鏈活動。

資料來源：本作者研究整理

圖3-1
策略聯盟的方式

二、策略聯盟的動機

（一）Lorange學者：

學者Lorange（1998）研究策略聯盟動機，包括：

1. 為尋求國際市場的進入及擴張。

2. 為分享對方的核心資源與能力。

3. 為尋求分攤及降低風險。

4. 為獲取規模經濟或事業範疇效益。

5. 為獲取先進技術或互補性技術。

6. 為降低相互競爭性。

7. 為尋求突破政府的貿易障礙。

8. 為獲取原物料、人力資本、財務資金、通路、供貨及顧客來源。

（二）Cullen學者：

另外，學者Cullen（2005）則提出兩個或兩個以上公司，形成策略聯盟的原因，有如下幾點：

1. 可以利用當地合作夥伴的市場知識。

2. 可以符合當地政府的要求。

3. 可以使較巨大的風險能夠共同承擔。

4. 可以獲得技術共享。

5. 可以達成規模經濟，增強競爭力。

6. 可以利用較低成本的原料或勞工。

三、如何選擇策略聯盟的對象

一個優良的策略聯盟對象，應該考量到四項重要條件：

1. 尋找策略綜效（即1+1>2）

(1)確定可以獲得重要的資源，以及對方擁有我們所需要的能力。

(2)雙方形成最好的組合，且對彼此均能有所貢獻。

2. 雙方適應能力

(1)雙方公司組織與人員之間的價值觀及組織文化，均能加以調適。

(2)對方企業文化和我們合不合得來。

3. 雙方彼此的承諾

確認高階決策者的堅定支持，與管理團隊的積極投入配合。

4. 對方是否有遠大的願景（vision），而不是只有短期利益之後，就過河拆橋。

四、策略聯盟的成功因素

（一）Faulkner學者：

學者Faulkner（1995）的研究認為成功策略聯盟，應該有幾項因素促成的：

1. 夥伴是否具有互補性的技能及核心能力。

2. 雙方高層經營者是否給予強烈的承諾及主導。

3. 雙方是否能建立互信的真誠，而非僅靠法律合約。

4. 雙方必須認知到雙方的確有不同的組織文化。

（二）Brouthers學者：

學者Brouthers ET. AL（1993）也提出策略聯盟的成功，必須雙方夥伴能共同認識到三個C：

1. 互補性技能（complimentary skill）；

2. 互容性目標（compatible goals）；

3. 互相合作的文化（cooperative culture）。

五、策略聯盟合資失敗的因素

策略聯盟不是必然會成功，失敗案例仍然很多，主要四項因素如下：

1. 利益衝突；
2. 管理制度有差距；
3. 高階主管之間溝通不良；
4. 雙方的看法不同。

另外，根據學者George Stonehouse（2000）的研究顯示，導致整合及聯盟失敗（failure）的原因，包括：

1. 缺乏對目標公司的深入研究及了解。
2. 與目標公司發生文化的不相容性。
3. 彼此缺乏有效的溝通。
4. 目標公司高級關鍵主管的流失。
5. 對目標公司付出太高的併購價碼。
6. 對目標公司市場成長性的過度樂觀預估。

六、策略聯盟的合資談判

（一）談判之前

1. 首先必須界定：我們想要的是什麼？以及對方想要什麼？亦即，首先必須了解背景資料，並分析情勢。到底對方為什麼找上門來？他的意圖為何？想達成什麼目的？他真心想合作嗎？還是搜集情報？

2. 在情緒上作好準備：在感情上建立聯繫，千萬不要讓對方覺得你高不可攀，距離很遠。

3. 財務數字、資料齊備：包括了解對方的各種財務比例、員工多少、工廠多大、制度完整。

（二）正式坐上談判桌後，必須注意下列事項

1. 要界定談判的範圍及幅度有多大。

2. 不要期望一下子就把整個案子談判完成，要懂得分階段談判。

3. 不要忽視個人的因素，亦即，有時候要兵對兵，將對將。

4. 有時候就單刀直入，令對方措手不及。

5. 有時候要曉以大義，讓對方曉得你有一致的原則及邏輯。

6. 偶爾要在無形中炫耀一些東西，令對方留下深刻印象。

7. 如何有技巧的表現你的優點，但也不必刻意隱瞞你的弱點。

8. 以誠信、信賴的態度坦率溝通。

（三）談判忌諱的事情

1. 不要為了談判而談判，地毯式的討價還價。

2. 不能財大氣粗，得勢不饒人，傷害到別人的尊嚴。

3. 切忌鑽牛角尖，彼此做些退讓，以圓滿收場。

七、國際策略聯盟的範圍

國際策略聯盟的種類及型態非常多，如從互動程度的高低及協議類型的程度來看，大致從低到高可有如下圖所示：

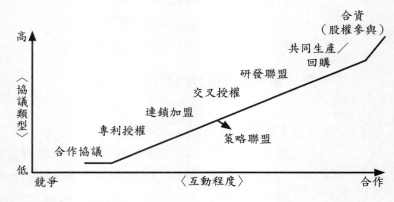

圖3-2

策略聯盟的範圍　　資料來源：本作者研究整理

1. 合作協議

2. 專利授權

3. 連鎖加盟

4. 交叉授權

5. 研發聯盟

6. 共同生產及回購

7. 合資（股權參與）

〈案例〉

喬山與日本松下電工策略聯盟推出健康器材

台灣喬山與日本最大按摩健康器材製造商日本松下電工結盟，由喬山整合通路，並聯合推廣「Panasonic」按摩椅、騎馬機等的台灣區銷售業務，為國內按摩健康器材市場投下一顆震撼彈，企圖打破傲勝（OSIM）獨大的局面。

市調指出，國內按摩健康器材消費市場一年約有20億元規模，去年受不景氣影響，衰退約30%。目前市占率逾60%、排名第一的為OSIM，Panasonic排名第二。

與松下結盟後，將積極展開百貨公司設櫃的作業。目前喬山在北部已陸續進駐中和環球購物中心、桃園大江購物中心，台中勤美誠品百貨專櫃也在日前營運，下一個設櫃點為台南德安百貨，今年預計設櫃目標為12個。

喬山原有15間直營門市及20間特約經銷商，也會加入Panasonic按摩椅及健康器材銷售，現正展開門市改裝，預計3月底可完成。儘管不景氣，但喬山去年內銷市場業績為3.1億元，仍較2010年成長18%，今年預估將有三成以上成長。

近幾年，國內按摩健康器材市場始終由OSIM獨占鰲頭，台灣松下為深耕台灣區按摩椅、騎馬機市場，選擇與喬山結為合作夥伴，並將專賣店通路的整合及銷售業務，全交由喬山負責，極具指標意義。

（資料來源：經濟日報，2011年5月10日）

第2節　跨國併購

一、企業外部成長方式：併購與策略聯盟

企業追求成長的方式，大致可以區分為二大類型：(1)內部成長（Internal Growth）；(2)外部成長（External Growth）。

所謂內部成長，就是任何擴張任何事業，均由企業自身力量來進行，例如海外投資設廠。而外在成長，就是向外部公司進行併購或策略聯

盟合作。這二種方式，對大型跨國企業而言，經常會融合使用，而達成最快速的企業成長需求。如下圖所示。

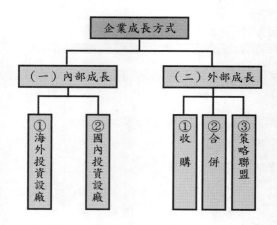

圖 3-3
企業成長方式

1. 內部成長（Internal Growth）

企業不斷的透過企業自身經營能力提昇及經營資源的強化，達到擴充企業規模及增強企業的核心競爭優勢。一般常見的內部成長策略有：知識產權的收買、直接設廠和合資型策略聯盟等。

2. 外部成長（External Growth）

企業捨棄「從頭做起」（greenfield）的內部成長，透過兼併或控制其他企業個體，迅速的借助別人的成功經驗且降低企業本身的學習時間與成本，來達到擴充企業規模及增強企業核心競爭能力。一般常見的外部成長策略有：(1)策略聯盟和(2)企業合併與收購。

二、跨國併購之動機

企業的國際化可透過跨國併購迅速完成，因此企業國際化可說是跨國併購的主要動機。跨國併購的動機相較於國內併購，除了企業內部資源整合及併購綜效利益外，主要在於拓展國外市場或突破貿易及投資障礙，其原因可歸納為如下幾點：

1. 保障原料的供給：在原料缺乏的國家，為了確保原料的供給來源，必須從事對外投資，或為了防止原料被人控制，以致無法經營，必須直接投入上游的生產作業，以確保其來源。

2. 突破貿易或非貿易障礙並減少對出口的依賴：如關稅、外銷配額等
貿易障礙。由於各國政府可能採取高關稅的保護政策，保護國內企
業，況且近年來地區性的經濟聯盟，對非會員的產品輸入，一律課以
高關稅。因此企業唯有到經濟聯盟的國家投資，才能避免高關稅的阻
礙，享受會員國的優惠待遇，並減少對出口的依賴。

表3-1
2010年全球跨國併購額

(一) 發達國家	1.美國	2.日本	3.歐盟	小計
	3,240億美元	155億美元	5,860億美元	1兆57億美元
(二) 發展中國家	1.非洲	2.亞洲	3.中南美	4.中、東歐	5.西亞	690億美元
	20億美元	211億美元	452億美元	169億美元	3億美元	
全球合計	1兆1,438億美元					

資料來源：2011年世界投資報告，聯合國貿發會議。

3. 尋求市場的擴張：由於國內市場有限，或國內市場成長緩慢，採取直
接對外投資或在國外設立銷售子公司，或利用自身的技術、管理及商
譽在國外設廠製造，以求取較高利潤。

4. 保障本身原有的市場地位：透過多國籍企業的優越性，一方面可擴展
國外市場，另一方面可利用國外低廉的勞力、原料所製造的產品，以
較低的價格回銷國內，保衛國內的市場地位。

5. 分散風險：一家公司在國內的銷售或供應來源，可能因國內經濟的波
動、罷工或供應來源受到威脅而出現困境，如果在國外各地進行多角
化的投資，當可分散風險，穩定經營。多角化又可分為：
(1)產品線的多角化。
(2)地理上的多角化。

6. 財務方面的利益：多國籍企業可以設立財務中心，以調度個別子公司
的貸借款、外匯買賣、訂定內部移轉價格及租稅規劃，以使資金能夠
靈活運用或減少稅賦等財務支出。

7. 引進新技術或新產品：企業可從整體的利益考量，直接引進母公司的
產品或技術，不必由公司內部從頭做起，也不必像一般當地企業必須
向外尋找技術合作對象，不論在成本或時間上都可以獲致相當大的節
省利益。

8.配合原料及最終產品的性質：如食品公司生產所需的原料不耐久儲及

長途運輸，公司可到國外適當地點設置生產及分配單位，藉以就近使用原料或提供新鮮食品。

9. 取得低廉且具生產力的勞力資源：若本國工資過於昂貴，可透過跨國併購以取得較低廉但仍具生產力的勞力資源。

10. 商譽的取得：如高科技產業的併購，往往著重於其無形的智慧財產權或商譽的取得。

11. 政治及經濟的穩定性。

12. 達成企業成長的目標：

(1)達成長期之策略目標。

(2)在國內市場飽和後，向外擴展並維持國內之市場佔有率。

(3)規模經濟。

13. 匯率差異因素：

(1)國內及國外併購相對成本的衝擊。

(2)合併報表中的匯兌利益。

另外，學者George Stonehouse（2000）認為跨國企業併購的動機，主要包括以下十點：

1. 為尋求進入市場（market entry）。

2. 為增加擴大市場佔有率（market share）。

3. 為增強產品與市場組合（product and market portfolio）。

4. 為降低惡性競爭（reduction of competition）。

5. 為尋求獲取行銷通路或供貨通路（access to supply or distribution channel）。

6. 為獲取新產品發展（product development）。

7. 為獲得最新科技（technology acquisition）。

8. 為達成規模經濟及事業範疇經濟（economies of scale and scope）。

9. 為獲取資源運用（resources utilization）。

10. 為提升企業聲譽（reputation enhancement）。

三、併購的類型及策略性併購

（一）併購類型（merger and acquisition, M&A）

包括了收購與合併兩種不同法律特性的行為。其分類如下：

1. **資產收購**（purchase of assets）：買方公司向賣方公司收購全部或部分資產。例如收購工廠、收購土地、收購商標、收購機器設備等。
2. **股權收購**（purchase of stock）：即指收購股票，包括在證券市場或向個別大股東收購股票或互換股票（SWAP）。
3. **吸收合併**：A公司與B公司合併後，A公司繼續存在。
4. **新設合併**：A公司與B公司合併後，成立新的C公司。

其圖如下所示。

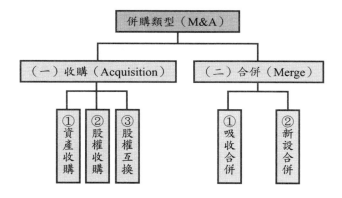

圖3-4

併購的種類

（二）「策略性併購」之類型與動機

另外，亦有學者專家將併購行為，區分為下列五種策略性併購：

1. **橫向收購，又稱水平收購**（Horizontal Acquisition）：這種收購是收購企業為了擴大經營規模，強化企業的競爭優勢，以控制或影響同類產品的市場。例如德國賓士汽車集團收購美國克萊斯勒汽車公司，賓士汽車從世界汽車廠排名第19名躍升為第4名。
2. **縱向收購，又稱垂直收購**（Vertical Acquisition）：這種收購是收購

企業力圖原料、加工與市場通路的整合，以降低成本及減少營運支出，創造有利的市場競爭條件並靈敏的掌握市場變化情況。世界最大藥廠默克（Merck）公司收購美國最大的藥房連鎖店Mdeco Containment Services成為最大的藥品製造及配銷公司。

3. 擴大產品或服務類別的收購，以達成全方位服務：如美國旅行家集團收購花旗銀行集團，提供顧客全方位的財務服務，如銀行、保險、證券與投資。花旗銀行也順利地開拓拉丁美洲的個人消費金融市場。

4. 擴大市場的收購：如美國雅虎網路公司收購台灣奇摩網路公司，以順利的進入華文網路市場。

5. 複合型收購（Conglomerate Acquisition）：美國網路業者美圈線上（America Online, AOL）公司與媒體娛樂業者時代華納（Time Warner）的合併，達到多角化經營。

（三）策略性收購的動機與誘因

由於企業收購的背後隱藏著不少誘因或預期的綜效效果，企業才會產生收購的動機，採取策略性的收購行動。也就是經由策略性收購行動，創造企業價值。若用公式，可表達如下：

（收購創造企業價值＋兩公司整合後的價值）－（收購公司單獨存在的價值＋被收購公司單獨存在的價值）

策略性收購誘因或預期綜效效果有：

1. 經營資源互補：收購企業著眼於透過結合，使收購與被收購雙方互補性的經營資源，產生更高的經營成果，例如一方擁有綿密的行銷網，一方擁有堅強的研發團隊，兩者的結合對雙方都有益處。現在企業收購有「大者恆大」的觀念，就是講究企業資源互補。
資源互補可以產生綜效效果有：(1)提供顧客更完善的服務；(2)進入新市場或接近配銷通路；(3)追求產品或科技的創新或發現；(4)強化企業的信譽或增進公信力。

2. 達到經濟規模：由一家公司來執行某一項業務比兩家公司分別執行更有效能時，就產生規模經濟。規模經濟可以產生綜效效果有：(1)減

少競爭：增加或擴大市場佔有率；(2)經由組織的再整合與作業流程再造，降低營運成本。

3. **其他動機**：包括(1)收購企業擁有多餘的資金，進行有計畫的轉投資；(2)目標公司的資產嚴重低估，可產生重大的投資效益；(3)獲取收購的節稅效益；(4)獲取較低的資金成本；(5)把握政治與法令的改變，獲得收購利益。

（四）整合與聯盟類型

另外學者George Stonehouse（2000）則從更宏觀角度來區別併購整合及策略聯盟（type of integration and alliances）的類型，如下圖所示。包括下列四種型態：

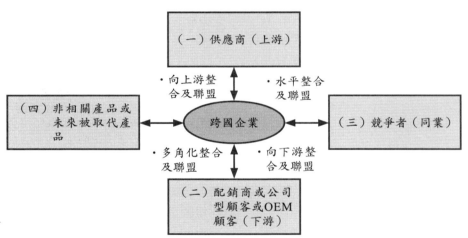

圖**3-5**

整合或聯盟合作的類型

資料來源：George Stonehouse (2000), Global and Transnational Business, Wiley.

1. 向後垂直整合或向上游整合及聯盟（vertical backward or upstream integration or collaboration）；
2. 向前垂直整合或向下游整合及聯盟（vertical forward or downstream integration or collaboration）；
3. 水平整合及聯盟（horizontal integration or collaboration）；
4. 多角化整合及聯盟（diversified integration or collaboration）。

四、併購的實地審查（Due Diligence; D. D）

併購案的買方，為確保併購案的價值性、合宜性及法律性，必須進行併購的實地審查（due diligence，簡稱D.D），其範圍大致有三類：

（一）營運審查（operation diligence）

1. 市場分析、競爭分析、產業前景分析；
2. 公司組織、經營範圍（產品、市場地區、客戶）；
3. 公司目標、策略、核心能力；
4. 管理階層的品質（經營團隊）；
5. 生產廠房、機器設備、產能規模、產能利用率；
6. 研發、技術、品管、專利權、商標權；
7. 資訊管理、網際網路；
8. 採購管理；
9. 行銷、業務；
10. 員工素質；
11. 董事會；
12. 組織文化、企業文化。

（二）財務會計審查（financial & accounting diligence）

1. 內部會計控制及財務報表設備與使用情形；
2. 短、中、長期財務規劃情況；
3. 資金管理的功能、程序；
4. 投資決策及效益；
5. 營運資金水準及現金流量；
6. 財會部門人數、素質；
7. 財會資訊化程度；
8. 稽核循環情況；
9. 短、中、長期債務情況；
10. 諮詢賣方公司往來的會計師、律師、銀行，了解有無影響賣方公司的重大財務及法律案件。

（三）法律事項實地審查（law diligence）

1. 證券交易法；

2. 反托拉斯法（公平交易法）；

3. 勞工法（勞基法）；

4. 投資法；

5. 公司法；

6. 稅賦法；

7. 票據法；

8. 公司債法；

9. 商標法；

10. 專利權法；

11. 促進產業升級條例法；

12. 公司併購法；

13. 金融控股公司法；

14. 金融資產證券化法；

15. 電信法。

五、公司價值評估方法

　　有關公司價值評估的方法很多，實務上常用的價值評估方法，大致有以下幾種：

1. 市場比較法（或稱市場價值法、市價法）

　　(1)相似公司最近併購的價格。

　　(2)初次公開發行價格（Initial public offering, IPO）。

　　(3)公開交易的公司股價（上市、上櫃或興櫃公司股價）及市值。

2. 淨值法（又稱會計評價法或資產法），本法評價的基準，如下：

　　(1)清算價值。

　　(2)淨資產價值（淨價）：總資產減去負債後之淨資產價值，亦稱為淨值（即Asset-Debts=Equity）。

　　(3)重估後帳面價值：重估有形資產及無形資產的合理（fair）市價。

3. 現金流量折現法（discounted cash flow, DCF），本法之進行步驟如下：

(1)預測賣方公司未來十年或十五年時間的財務損益績效。

(2)在每一個財測年度，算出淨現金流量，無論是正的或負的。

(3)估計賣方公司風險調整後的權益資金成本。

(4)以資金成本必要報酬率（或稱加權資金成本）作為折現率，來折算各期的現金流量，並予以加總。

(5)前項總值減掉賣方公司負債現值。

(6)上述折現現金流量加上非營運資產現值，減掉非營運負債現值，即可得到賣方公司的權益價值現值。

4. 獲利倍數法

此法較簡易。即指買方願意出「多少倍」來購買賣方公司目前的獲利，用以衡量未來該公司的總獲利。例如某家電子廠每年能賺5億，若用10倍來買，即買價就是50億元。至於倍數多少，要看不同的產業及不同的公司而定。有八倍、十倍，也有十五倍的。另外，有些產業適用的獲利定義，係使用EBITDA獲利額，即扣除折舊、攤提及利息之前的獲利額。包括電信、有線電視及網路產業等。茲列示美國各產業併購的價格倍數，如下：

表**3-2**
美國各產業併購的價格倍數

美國基本估價法適用的產業、基準和乘數	
1.有線電視業	年稅後淨利×10倍
2.電子工業	年稅後淨利×10倍
3.塑膠工業	年營業額×5.5倍
4.餐廳／酒店	年營業額×40%+生財設備

六、併購談判主要範圍

併購談判有四種議題範圍，包括併購範圍、併購金額、付款方式及時效等，如下圖所示：

（一）併購範圍	（二）併購金額	（三）付款方式	（四）時效
收購 (1)股份 (2)資產	(1)金額多少 (2)其他條件 (3)給付幣別	(1)現金 (2)證券 (3)現金＋證券 (4)互換股權	(1)併購要約 　有效期間 (2)付款時間

圖3-6

併購談判的主要範圍

資料來源：本作者整理

七、跨國併購成功關鍵因素

（一）麥肯錫的研究

其實跨國併購的成功關鍵因素，根據美國麥肯錫顧問公司芝加哥辦公室董事布立克（Bleeke）等人，曾在2001年對四十九家美、日、歐公司的研究，約可包括下列五項，前三項屬併購前，後二項屬併購後整合以創造價值，足見併購後整合相當重要。

1. 是否集中於核心事業：即買方從事「相關多角化經營」（或稱為「相關併購」），不應該去併購自已外行的行業公司。

2. 應注意收購當地表現傑出的公司：無論是財務績效佳或是產業水準棒的，買方常嘗試併購處於復甦期（turnaround）公司，希望能撿個便宜貨，併購後卻賠得更多。換言之，不能買連年均虧損的扶不起的爛公司。

3. 集中於關鍵事業系統要素的結合（focus on critical business system elements）：即併購賣方後，可增進買方的「全球功能」（global function），透過規模經濟或協調以提昇可維持的競爭優勢（sustainable competitive advantage）。而不是買一家對買方只有「地區功能」（local functions）的公司，那無異下圍棋時，擺了形隻影單的棋子，成不了氣候。

4. 加速管理技巧移轉（skills transfer）：抓住公司價值，例如調動幾個高階經理人到關鍵職位，以認清和指導作業改良。此處也包括系統移轉，移轉方向不限於由母公司到子公司的正向組織整合，也包括由子公司到母公司的逆向組織整合；當然必須預防企業文化衝突的狀況。

5. **由小案子學起**：並非一輩子只玩一個大併購案，併購經驗愈豐富的公司成功機會也較大，所以寧可從小併購案做起，從作中學，縱使作錯了、作壞了，學費也不會太昂貴。

（二）其他學者的研究

另外，也有其他研究顯示，成功的跨國併購，必須植基於下列幾項原因：

1. 能夠尋求到優越的適當對象或夥伴。
2. 必須評估併購對象的競爭優勢地位究竟為何。
3. 考量文化相容性（cultural compatibility）。
4. 考量到兩家公司的結構。
5. 必須有值得利用的資源，例如品牌、通路、技術、專利、財務或公司信譽或人才資源等。
6. 考量該公司現在及未來股價的高低預測。
7. 應仔細規劃併購之後的相關程序及事宜。

（三）美國《商業週刊》調查：成功併購因素

另外，企業展開收購行動時，可參考美國《商業周刊》歸納企業收購的成功關鍵因素，以增加企業收購行動的成功性。

1. 收購行動必須符合收購方的經營策略目標。
2. 徹底的瞭解被收購方的產業特性。
3. 徹底調查收購方的底細。
4. 收購決策假設要切合實際。
5. 收購價格要合理，不可買貴。
6. 收購資金的籌措，要注意不要貸款太多，要避免借錢購買。
7. 收購後的整合與改善行動要妥善且迅速進行。

八、跨國併購失敗的原因

併購活動是一連串的管理活動，併購過程中的每一個步驟都隱含著影響併購成敗的因素；在實務上，造成各個企業併購失敗的原因不同，係由

於在各產業及企業的特定環境、條件均不同的情況下，導致發生問題點的地方也有所差異。而且影響併購成敗的原因通常亦不僅有單一要素，若企業缺乏完善的整體併購規劃，則各種問題勢必會隨著併購程序的進展而一一浮現。顯見企業在從事併購行動時，應盡量考慮所有可能遭遇到的問題，並作一個整體性的完善規劃，才能降低併購失敗的可能性。

一股常見的併購失敗因素，依併購程序的進行可分為三階段：

圖3-7

併購失敗的原因

資料來源：本作者整理

（一）事前階段──缺乏整體的策略及目標規劃

這其中也包括了「併購目的不明」和「併購目的與公司長期目標不符」的兩項要素，此均反應出許多企業長久以來疏於企業策略發展規劃，以及無長期投資的心理缺失。而併購型態的不適當，則顯示企業在未經由通盤的研究分析即貿然作大量投資，其自然會承受相當高的投資風險。

（二）併購案的執行不當

1. **併購標的選擇不當**：指併購標的的選擇準則不適當；由於併購標的的選擇準則必須與併購策略目標相符，在策略目標本身已經規劃不夠完善的情形之下，想要建立完備的併購準則更屬不易。在缺乏專業投資服務機構提供準則建立及標的評估的協助之下，進行併購的風險自然會提高許多。

2. **併購價格過高或給付的方式不當**：指併購的價格反應出併購者對於併購價值的肯定程度；但是管理者通常容易高估自己的能力，對於未來銷售及盈餘過份的自信，因而忽略了整合新體系可能浪費的潛在價值，和獲取最大併購價值的困難之處，導致付出過高的價格給對方。當付出的價格過高時，不論策略或併購後的營運管理多好，都不容易再予以補救，所以，在訂定併購的價格時需要進行相當謹慎與完

善的評估，才能立於不敗之地。

（三）併購後的整合及發展不當

併購後的發展不當主要係導源於外部環境的改變所致，此顯示著企業對產業及市場資訊獲取與預測能力的不足，而對於策略分析及審查作業又過於草率，當預期的環境沒有出現且經濟狀況改變的情況下，自然就缺乏應變的能力。

其次，就是併購後的營運計畫不當，及併購綜效的實現不理想。事實上，併購的成敗並非著眼於是否完成交易，而是在於交易完成後的經營績效是否能如預期地達成。因此，對於目標公司併購後營運計畫的品質，將直接影響整個併購案的成敗。

其中，最重要的是組織的整合及控制型態不當。此點也顯示企業在從事併購活動時，組織無法追隨策略而做有效的改變，所以在組織結構、系統、制度及管理技巧等方面的變革及整合均不適當的情形下，併購活動自然無法產生應有的具體成效。

表3-3
企業併購的管理層
面問題及任務

	（一）併購前階段	（二）併購進行階段	（三）併購後階段
1.策略	釐定策略、理念及尋找合夥對象的標準。	制定未來展望及成功關鍵指標，並確實遵循。	繼續監督。
2.組織	進行徹底過濾和企業調查。	研究如何建立一個更新、更好的組織。	組織、政策和執行相互配合。
3.人員	幫助員工從心理上預做準備。	安排適當的人做適當的事。	重新整頓個人並成立工作團隊。
4.文化	尊重併購前的企業文化。	管理文化衝突並建立新文化。	加強預定的文化。

九、併購五階段及其相關問題

美國國際併購專家Aiello, R.J（2000）的研究顯示，所有併購案，大致都會經過五個明確的階段。茲概述如下：

（一）過濾潛在目標

併購的可能性隨時都會發生，企業必須快速做出評估，有經驗的併購者會遵循兩個法則：

1. **事事觀察**：成功的併購者通常會睜大眼睛尋找目標，他們手頭隨時在評估三個他們想進入的市場，然後在每個市場中找出五到十家值得併購的公司。
2. **策略性地鎖定目標**：併購生手最常見的問題就是，當面臨一個令人興奮的機會時，往往就把策略拋諸腦後了。

　　另外，根據多項研究顯示，跨國併購失敗的原因，主要有下列幾點：

1. 缺乏對內部及外部環境的深入研究。
2. 雙方文化的不相容性，互斥性太高。
3. 雙方缺乏良性溝通。
4. 被併購公司有很大財務問題存在及市場問題存在。

（二）達成初步協議

　　這個階段的挑戰，在於雙方高層對「合併案可有進一步研究的空間」達成共識。成功的併購者通常會遵循幾個經驗法則如下：

1. **不要陷入議價的泥淖**：這麼早就試圖議價是很不聰明的做法，因為此時雙方的資訊都還不夠。
2. **確認必要的事物**：併購者此時並無法針對細節做太多事，不過，有些和策略性原則有關的議題仍必須確認清楚。
3. **態度要友善**：有經驗的併購者會在談判初期，就開始灌輸經營團隊一個觀念：雙方是在互惠信念下一同工作。他們在協商過程中尊重他人，並協助被合併公司的經理人在新經組織中發掘新的機會。在一開始就建立「關係資本」（relationship capital）很重要，因為在併購案後續的階段中都會用到它。

（三）進行雙方協商，準備談判

　　雙方談判階段是整個過程中最耗時的部分，整個交易會從初期事業夥伴的浪漫想法，回到現實世界中。

1. **把所有的石頭翻過來**：此時併購新手可能會出於激動忽略細節。這是個錯誤，因為失敗的併購案通常都是肇因於不注重細節所致，舉例來說，有一家公司在評估併購目標時，覺得所有條件都很好，然而，再仔細研究之後，卻發現這家公司的財務狀況有問題，併購者於是放棄了併購。這些隱藏性問題重點並不在於錢，而在於被併公司管理團隊的競爭力，甚至是誠信。

2. **把另一面也翻過來**：有經驗的併購者會利用談判過程，來加深他們對目標公司的瞭解和連繫，雙方的每個互動都提供併購者絕佳的機會，來了解員工的能力和個性。

（四）達成最後協議

1. **利用多重的協商管道**：資深的經理人常認為他們必須在談判桌上和固定的對象對談，因此會把談判團隊的成員限制在少數關鍵的人物身上，但這種作法並不恰當。成功的併購者通常會把談判團隊分為二到三個小組：經理人、律師，或是投資銀行家。這種分工有幾個好處，首先，事情可以同時進行；其次，透過多重協商管道，也比較容易傳達非正式的訊息，或是策略性採取強硬的立場，卻不致於破壞彼此的關係。

2. **發掘各種可能性**：當一個機會出現時，有些企業會把所有注意力放在上面，而把其他機會給排除掉了。其實，企業應該明白手上還有什麼其它選擇，這樣會比較容易判斷併購的價值。

3. **預期競爭對手參與併購**：在大多數的併購案中，當被併購的公司有多位買主時，談判就會成為有秩序的拍賣。因此在決定談判策略之前，併購者應該把自己的優勢和弱勢，與競爭者比較一番。這些評估應該把萬一輸給競爭者，所造成的長期損失給計算在內。

（五）完成併購

最後的併購合約一旦簽定，經理人很容易以為併購案就算完成了。但在最後合約簽訂和併購之間，還有一大堆交易要進行，因為此時有可能出現一些外部環境的災難，比如說，被併購者未曾揭露的債務會浮上檯面，或是該公司的競爭力出現劇烈的變化。

十、併購整合經理人應做些什麼

每個併購案都會經歷五個階段，經驗老到的併購者，在每個階段都會堅持幾個談判原則：

1. 加快速度

(1)佈署計畫；

(2)加速推行；

(3)推動決策及行動；

(4)偵測進度及調整整合計畫的進度。

2. 建立架構

(1)提出彈性的整合架構；

(2)動員整合團隊；

(3)設計重要事項及時間表。

3. 強化兩家公司的關係

(1)以企業使節身份自居；

(2)當敏感議題的避雷針，讓員工有宣洩的管道；

(3)詮釋雙方的習慣、語言及文化。

4. 促成短期效果

(1)釐清企業的綜效；

(2)啟動百天計畫，取得短期成果；

(3)協調兩家公司的轉任者。

十一、全球企業併購僅25%賺到錢

根據美國麥肯錫顧問公司的分析研究，在1990年到2008年的併購風潮，只有約25%客戶在併購後賺得到錢，其它在併購後都是虧錢。併購不是保證企業獲利的萬靈丹，企業併購不只是交易，還是一種流程，在這個流程中若有任何環節處理不當，併購很容易失敗。企業在決定併購前，必須了解自己是具併購其它企業能力者或會被併購者，明白自己經營上的優點、缺點，設定尋求併購的目的，就這個方向尋找理想的併購對象，在成交後雙方必須按原先既定策略，整合雙方資源，以達到最大併購效益。而通常企業併購後的最大效益，來自節省成本。

十二、六項併購成功的關鍵因素

　　根據高盛證券的研究顯示，企業併購除要有明確的策略外，整體評估和執行還要有六項成敗的關鍵：(1)價格合理；(2)併購融資安排才有助企業持續成長；(3)合併架構要考量稅務和會計上的優惠、保障雙方的權益；(4)溝通投資人、員工和客戶爭取各方支持；(5)做好實地查核避免不必要損失；(6)完善的整合規劃執行，才可以發揮綜效。

十三、併購執行程序

　　茲將一個完整的併購執行程序步驟，大致列示如下圖：

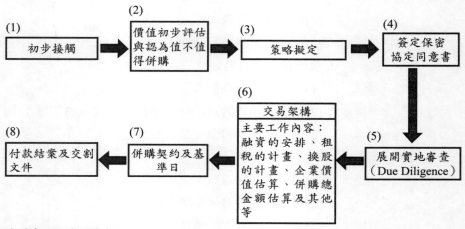

圖3-8
併購執行程序　　　　資料來源：本作者整理

十四、全球併購交易——財務顧問公司排名

　　全球專門輔導廠商進行併購的前10大知名證券公司或財務顧問公司，如下表所示：

排名	公司	交易金額（10億美元）	交易件數
1	高盛	352.9	200
2	瑞士信貸	280	160
3	摩根士丹利	278	192
4	摩根大通	272.2	140

排名	公司	交易金額（10億美元）	交易件數
5	巴克萊資本	220.4	90
6	美國銀行美林	212.6	127
7	花旗集團	190.3	99
8	德意志銀行	182.1	127
9	瑞銀投資銀行	153.6	132
10	Lazard	130.0	128

十五、案例

〈案例3-1〉

瑞士最大併購案：羅氏藥廠合併基因科技

1. 羅氏同意每股95美元的收購價碼，比基因科技11日的收盤價溢價3%，也比先前的最低出價高9.8%。羅氏在聲明中說，交易完成後的第一年，可望提高公司的每股盈餘，雙方合併後每年可創造170億美元的年營收。

2. 基因科技特別委員會獨立董事會主席桑德斯說：「我相信這對本公司股東是合理的出價。我們期待和羅氏合作，盡快完成交易。」

3. 羅氏持有基因科技全數股權，不僅有助其完全掌控癌思停（Avastin）與賀癌平（Herceptin）等暢銷抗癌藥，也將吸納一系列的受歡迎的新藥。該公司預期，雙方合併後將可簡化營運複雜程度，並讓研發、製造、與管理等作業事半功倍，估計每年可省下7.5億至8.5億美元的稅前成本。

4. 羅氏表示，未來基因科技的研究和初期藥品研發部門將保持獨立，營運總部則會移到基因科技位於南舊金山的廠址。

5. 這是今年製藥業的第三樁大型併購交易。1月，輝瑞藥廠（Pfizer）以680億美元吃下惠氏藥廠（Wyeth）；默克藥廠（Merck）本周也同意用410億美元併購先靈葆雅（Schering-Plough）。

（資料來源：經濟日報，2009年3月13日）

〈案例3-2〉

近十年最大宗藥廠合併案：輝瑞併購惠氏藥廠

1. 美國藥廠輝瑞公司（Pfizer）宣布以680億美元併購惠氏藥廠（Wyeth），以分散擴大產品線，填補預期的營收缺口。這將是近十年來最大宗的藥廠合併案。

2. 輝瑞提議以每股50.19美元收購惠氏，比惠氏22日股價溢價29%，成為當前金融海嘯中罕見的大型併購案。輝瑞將支付每股33美元現金以及0.985股輝瑞股票。輝瑞向銀行團貸款225億美元以完成這項收購案，將減發股利，並計畫裁減15%人力，關閉五座工廠。

3. 合併後的公司將由輝瑞現任執行長金德勒（Jeffrey Kindler）統領。53歲的金德勒自2006年以來掌管這家全球最大的製藥公司，合併後的輝瑞營收可能暴增46%，達每年700億美元。

4. 這項交易將使輝瑞取得惠氏多項暢銷藥，包括治療憂鬱症的Effexor與肺炎疫苗Prevnar。這可望彌補輝瑞明星藥品Lipitor在2010年專利保護到期後，因學名藥競爭所流失的營收。Lipitor銷售額占輝瑞四分之一營收。

5. 製藥業正面臨產品開發遲緩與固定成本過高的困境，合併有助於降低成本並加速新藥研發。分析師指出，雙方合併可省下數十億美元成本，紓解藥廠固定成本過高的窘境。

6. 買下惠氏藥廠，輝瑞可強化在生物科技領域的地位，並取得惠氏眾多前景看好的產品，特別是疫苗，可補強輝瑞的弱項。

（資料來源：經濟日報，2009年1月17日）

〈案例3-3〉

LVMH換股收購寶格麗

義大利精品業者力求突破，保持競爭力。知名珠寶品牌業者寶格麗（BVLGARI）投向LVMH（Moet Hennessy Louis Vuitton）集團懷抱，LVMH集團計劃以換股交易收購寶格麗50.4%股權，未來將陸續收購剩餘股權，總計交易金額將上看37億歐元（51.8億美元）。

另外，LVMH集團指出，將以每股12.25歐元價格公開收購寶格麗剩餘股權。根據彭博統計資料，此價格較寶格麗上周五收盤價溢價6%。受到購併消息激勵，寶格麗股價昨一度暴漲58%，來到12歐元。

根據寶格麗與LVMH集團於義大

利證交所（Italian Stock Exchange）公布的聯合聲明內容指出，「全球最大精品集團LVMH同意發行價值18.7億歐元（26.18億美元）、約1,650萬新股，交換寶格麗家族持有寶格麗的50.4%股份、約1.525億股。寶格麗家族將成為LVMH集團第2大股東，未來可取得2席董事職位。」

市場人士指出，透過此項交易，寶格麗將可獲得LVMH集團共計3.3%股權。

LVMH集團是全球最大精品集團，旗下擁有50多個全球頂級品牌，包括LV（Louis Vuitton）、Dior、KENZO、鐘錶與珠寶品牌TAG Heuer ZENITH等。LVMH現金部位高達30億美元（882億元台幣），近年積極併購，除寶格麗外，先前已入股法國知名品牌Hermes。

（資料來源：經濟日報，2011年3月8日）

本章習題

1. 請說明策略聯盟的定義及方式？
2. 請說明如何選擇策略聯盟的對象？
3. 請說明策略聯盟的成功因素為何？
4. 請說明策略聯盟合資失敗的因素為何？
5. 請圖示企業成長的方式有那些？
6. 請圖示併購的類型有那些？
7. 請說明何謂D.D？
8. 請說明美國《商業週刊》調查成功併購的因素有那些？
9. 請圖示併購的程序步驟大致為何？
10. 請列出全球前五家輔導併購的財務顧問公司為何？

第<big>4</big>章

海外股權投資模式

第1節　股權投資模式之整合研究

一、所有權政策之類型

跨國企業決定以海外直接投資型態進入國外市場時，接下來所要做的工作就是所有權策略。跨國企業所有權政策可區分為二種型態：

1. 獨資（Wholly Venture），亦即股權100%擁有之完全所有子公司。

2. 合資（Joint Venture），合資係指與當地廠商進行資本合作，又可細分為三種：

(1)多數股權合資（majority joint venture），亦即擁有51%以上股權；

(2)少數股權合資（minority joint venture），亦即擁有49%以下股權；

(3)均等股權合資（equality joint venture），亦即各佔50%股權。

二、所有權型態的決定因素

在了解所有權型態後，下面將進一步探討選擇所有權型態的決定因素為何；我們將從國外學者的研究分析起。

（一）史東福特（Stopford）及威爾斯（Wells）之研究

史東福特教授在1972年曾針對美國跨國企業進行大規模的調查研究，跨國企業在下列四種策略運用的需求狀況下，將需要100%股權擁有的獨資經營策略。

1. 具鮮明的市場導向策略（market-oriented strategy）

這種策略表現在：

(1)母公司必須支付大量行銷廣告費；

(2)母公司必須控制行銷通路；

(3)母公司避免子公司間互相殺價競爭。

在上述情形下，母公司傾向獨資經營，而不需與當地廠商合資經營。

2. 利用生產合理化以降低生產成本之策略

　　成本降低是全球化企業競逐國際市場一項非常重要的武器，因此母公司常須從整體觀點，以進行全球性各據點的專業化分工生產與統合性調配，以達降低成本之目的。但在此策略下，有關子公司間的移轉訂價、生產項目與生產量以及產品市場的區分等，均不免發生子公司間之利益衝突，母公司為減少衝突並展現明確的統一調配權，勢須採取獨資經營之傾向。

3. 意圖獲取原料來源控制之策略

　　跨國公司意圖利用原料來源的控制，以提高市場競爭力，並降低原料成本及供料之不穩定性，以享有寡占或獨占原料之利益。因此，也有獨資經營之必要性。

4. R&D與創新的高投入策略

　　跨國企業在海外子公司若須投入極高的研發創新投資資金，常因資金不易劃分而且不想使R&D成果為合資另一方得知，因此也有獨資經營之傾向。另外，在史東福特教授的研究中，也發覺跨國企業在採行下到另三種策略時，傾向需要合資經營策略：

(1)採行多角化策略：很多公司在其原有產品銷售進入飽和期或衰退期時，為保障經營成長目標，就常改採產品多角化成長策略。但產品多角化的策略牽涉到研發、生產與銷售管道等複雜問題，而且又要將產品跨到國際市場上去經營，顯然地，其所遭逢之困境將愈來愈高。在此情況下，唯有藉助合資經營，共同開發市場，提高成功之機率並降低風險。

(2)垂直整合策略：跨國企業也有向上垂直整合的需求，但當地國企業或政府常有控制或獨佔情形。

(3)中小企業海外經營策略：中小企業由各項資源均有所不足，無法承擔海外投資之風險，因此，合資經營乃為勢所必然之選擇。

　　茲將史東福特及威爾斯之研究結果，如下圖所示，以收一目瞭然之效。

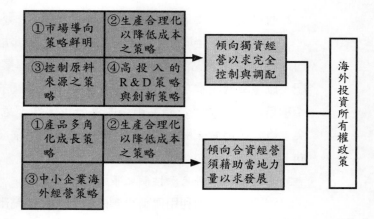

圖4-1
海外投資所有權
政策之抉擇因素
（Stopford and
Wells）

（二）李察羅賓森（Richard D. Robinson）之研究

羅賓森教授在其著作中認為跨國企業在決定所有權策略時，主客觀上應考量下列要素：

1. **市場競爭地位**：係指廠商的產品或服務是否在品牌、功能、品質、設計等面向上擁有獨特或顯著的優越性（superiority）與差異性（differentiation），而這些優越性及差異性遠勝過當地國企業，就傾向採獨資型態，反之，則以合資為宜，以追求策略聯盟（strategic alliance）之利益。

2. **合資對象的有效性**：母公司在當地國若能尋得有效合資對象，能在研發或行銷或生產或財務等領域上，有效協助母公司能順暢地在當地國開展經營活動，則合資顯然是較佳的選擇。

3. **當地國法規限制**：有些開發中國家為有效吸引外資，並增強該國經濟發展與技術生根，常要求外商投資均須與當地廠商以合資方式進行，並以法律強制規定。

4. **母公司對控制權需求之程度**：就法律角度看，股權就代表控制權，在實務也常是如此。母公司常因跨國化進程階段的不同以及全球化營運取向之考量，而對海外子公司的控制權會有不同的需求。

（三）威廉大衛森（Willism H. Davidson）之研究

大衛森教授在1977年曾進行一項大規模的多國籍企業調查研究（樣本有180家公司），有幾項顯著發現：

1. 在與西方國家導向（western-oriented）及說英語體系（English-speaking）的國家中，其外資企業中以合資型態為選擇，且係少數股權所佔之比例，大體上均在20%以下的低比例。這顯示出「*市場相似性或熟悉度*」（market similarity）對所有權政策扮演重要角色。

2. 另外在調查中發現，在亞洲國家的外商投資中，採取合資而非獨資型態的比例，遠較西方歐洲國家高出很多。例如在日本、南韓、印度、墨西哥等國均有這種現象，這說明了在「*當地國的國家政策*」（national policy）的限制下，也對多國籍企業的所有權政策選擇，發生重大影響力。這項調查選擇從1970年到1976年美國180家多國籍企業為樣本，其在各國的所有權型態比例如下：

　・加拿大（獨資佔86.7%；合資佔13.3%）；
　・英國（獨資佔79%；合資佔21%）；
　・西德（獨資佔66.9%；合資佔33.1%）；
　・荷蘭（獨資佔73.9%，合資佔26.1%）；
　・日本（獨資佔18.5%，合資佔81.5%）；
　・南韓（獨資佔17.6%，合資佔82.4%）；
　・印度（獨資佔30.4%，合資佔69.6%）；
　・印尼（獨資佔46.1%，合資佔53.9%）。

（四）費耶威烈（John Fayerweather）之研究

　　根據費耶威烈教授研究，下列五項因素影響多國籍企業對所有權所採取之政策：

1. 須視海外當地合資者在我方子公司營運績效協助上，所佔有之地位程度如何而定。

2. 須視當地合資者對子公司管理哲學與風格，是否一致與協調程度而定。

3. 須視母公司對技術移轉到子公司，而憂慮技術know-how外洩給當地合資者之程度與可能性結果而定。

4. 須視母公司對赴海外投資，其所能接受失敗所引致風險的可能性及程度認知而定。

5. 須視母公司對整體經營與管理策略要求全球一致性的程度為何而

定。

（五）今西伸二之研究

　　根據日本通產省在1989年，針對日本企業海外投資所做一項大規模的調查資料顯示，日本企業在海外投資的資本型態以獨資佔大比例，約為57.9%；而在合資中，多數股權比例亦有17.6%，均等股權比例佔5.4%，而少數股權則僅佔19.2%。此結果顯示，日本多國籍企業仍朝控制權享有的基本原則發展。根據日本拓植大學今西伸二教授的研究認為，日本跨國企業傾向獨資型態經營的幾點理由為：

1. 當合資一方能力不足。

2. 找不到合宜與有力的合資對象。

3. 為確保母公司與所有海外子公司經營步調的統一性。

4. 為全部享有海外子公司的經營利潤。

5. 為確保技術不外流。

6. 為防止當地合資者將股權擅自移轉給第三者的危險性。

第2節　國際合資的優點、缺點及選擇標準

一、國際合資的優點

　　根據美國哈瑞根（Kathryn Rudie Harrigan）教授的研究，若採合資經營將可從內部用途、競爭用途以及策略用途等三種角度獲取激勵或利益，茲分述如下：

（一）內部用途（internal use）

1. 共同承擔成本和風險（cost and risk sharing），以降低不確定性。

2. 獲得市場上所缺乏的各種資源供應。

3. 獲得融資以補強公司在當地國的負債能力。

4. 分享最小經濟規模的最多產出：

　(1)避免設備重覆性浪費；

　(2)使用副產品或共同之製造程序；

(3)分享共用知名品牌、銷售通路及廣泛產品線等。

5. 從情報交流中可獲得新科技與新客戶：

(1)透過較佳的資訊交流；

(2)科技人員的交流互動。

6. 可獲得創新性管理實務（innovative managerial practices）

(1)透過較佳的管理系統運作；

(2)透過戰略事業單位（SBU）的運作以改善溝通。

7. 挽留開創性的企業人才（retain entrepreneurial employees）。

依據哈瑞根教授的見解，他認為合資應該是一種創造企業本身內部力量很好的管道（a way of creating internal strengths），也是一種資源整合（resources-aggregating）與機能分享（sharing mechanism）的管道。例如英國勞斯萊斯（Rolls Royce）、美國的奇異電氣（General Electric）及Partt & Whitnery等三家公司，就曾一起合作生產飛機引擎，因為這些公司為共享這項產品的利益不願獨自負擔財務上的投資風險。

（二）競爭用途（competitive use），以加強現有的競爭力地位

1. 促進產業結構提昇：

(1)透過率先領導發展新產業；

(2)降低產業內競爭的激烈程度；

(3)使成熟生產業能走向合理化。

2. 競爭優勢（preempt competitor），佔有第一啟動者的利益：

(1)快速接觸到較佳的客戶；

(2)產能擴充或垂直整合之行動；

(3)獲取較有利的資源或條件；

(4)與優秀的合資夥伴聯盟。

3. 面對產業全球化之防禦功能：

(1)減輕外國政府的政治壓力（ease political tension），以克服貿易障礙（overcome trade barriers）；

(2)建構全球性網路（global networks）。

4. 創造成更有效率的強勁競爭對手（creation of more effective competitor）。

　　哈瑞根教授認為除了前面的利益之外，合資策略尚且還能創造本身企業競爭性力量，形成更有效果競爭武器，特別是在全球化產業運作形成趨勢之後。

（三）策略用途（strategic use）

1. 創造暨使用綜效（creation and exploitation of synergies）。

2. 進行技術或其他技藝移轉。

3. 多角化（diversification）：

(1)進入新市場、新產品或新技術領域。

(2)促使投資活動之合理化。

(3)與母公司的技術聯結創造新的使用方式與途徑。

　　哈瑞根教授也認為合資應該是一項策略性武器，它能為企業在策略性地位上創造改變（changes in firm's strategic position）。

　　所謂策略性地位改變，可以指企業透過合資作為使它在專業上更具代表性與主導力；也可以指企業透過合資的成功而使它邁入跨行業的角化順暢經營；甚且透過國際合資，可使企業的市場順利延伸向國際化市場上去競逐，而非僅在本國市場而已。

　　此外，國際合資之優點還可包括如下：

1. 可從國際合作中，獲得國際資源互補關係。

2. 合資經營對當地經濟貢獻顯著，較受當地政府與國民之歡迎。

3. 市場導向政策：欲開拓當地市場或擴大當地市場，必須利用當地人的人際關係力量來達成。

4. 可有效分散投資風險。

　　除了哈瑞根（Harrigan）教授的觀點外，我們亦可從下列角度來加以說明：

1. *經營管理方面的利益*

　　合資不僅可以節省經營資源之投入，並常可經此而有效的取得當地合夥人既有的經營資源，使子公司各項業務能迅速開展。尤其是當企業採用合資方式進入國外市場以應付競爭時，若能獲得當地合夥人的行銷經驗或

其他管理技巧的協助，住往比自行設立全新的組織更能發揮其市場行銷力；以行銷通路而言，若能妥善利用當地合夥人現有通路，則對新設海外子公司的營運有相當助益。

在原料供應方面，透過合資的方式，更可利用當地合夥企業與原料供應商之既有關係。尤其是當地合夥人控制著子公司生產上所必須的原料或其他資源時，則「合資」不但可確保原料或其他資源的充份供應，並可取得較有利的購買條件。

就財務方面而言，採用合資的方式可以使企業在財力有限或者母國政府限制資本外流等情況下，仍能進行較多的國外投資計畫，同時亦可以降低國外直接投資的風險。

利用當地合夥人可更易於找到當地人才，更是合資的一大好處。

2. 共同結合的利益

採取合資方式最大好處，乃在於共利的結合基礎下，分享獨占或寡占利益及規模經濟，或其他唯有經由合作才能獲致的利益，此即獨資根本不太能得到的利益。

近年來全球各大型跨國企業的策略聯盟（strategic alliance）行動，就是一種共同結合利益的最具體展現。

3. 政治與社會關係方面的利益

一個政府對外國企業的歧視，乃是各國互通的全球性行為，只是這種差別待遇的程度，隨著國家及產業之不同而有所差異。此種差別待遇常見於各國的法律條文、行政命令或行政人員作業方式上。因此，企業若採取「合資」，不僅能克服這些差別待遇和障礙，同時較能享有地主國之獎勵措施，如關稅保護、低利貸款及其他特殊權利。

在「公共關係」方面，由於合資子公司較獨資子公司更能為當地社會所認同，有助於產品為當地社會大眾所接納。

總之，從政治與社會關係方面的考慮，可能是形成合資重要原因之一。此因，若與地主國當地人士共同擁有小公司的股權，除了可以促使地主國對合資小公司產生認同感，並可利用當地合夥人在政治與社會關係上的影響力，發揮保護作用。

4. 法律上的必要

有少數落後國家與開發中國家政府為使外資廠商的資金、技術與管理水準，能具體有效的引進當地國內，因此，常以法律限制外來投資必須

與當地廠商合資才行。此外，還有國家為保護國內市場不被外商大量佔有，故規定須採合資方式，才准予內銷比例及內銷權。例如中國大陸在進入WTO之前，仍未完全開放全部內銷市場，而且規定必須以合資方式才准商品在中國大陸內地市場銷售。

二、國際合資的缺點

國際合資的不利之處，大致可從下列兩個方面來加以了解：

1. 決策受到牽制

合資後在決策上，若須常與當地合資者商討，常致決策上受到相當的牽制。尤其當發現地主國投資環境不如所期，或環境急速轉惡而欲撤資時，如何與當地的合資夥伴拆夥讓股權或公司清算，是相當麻煩之事。

2. 經營政策上的衝突

從合資企業內部管理之角度來看，當合資雙方的利害關係對立時，即潛伏著發生衝突之危機。何況雙方係來自不同的國家、民族、文化背景、及經濟環境，因此在意見上、價值判斷上以及對問題的看法上之差異，都可能導致衝突的發生。

尤其，外商常是在廣大的國際環境下進行企業活動，但當地合夥人的企業環境侷限於地主國。由於彼此所處立場之不同，問題考慮的面向自然有所差異，故合資公司做經營決策時，就容易發生意見分歧之現象。

例如，外商重視合資子公司之經營作業與其所屬他國子公司之配合，以達成全球性統一調配之經營目標；但當地合夥人則較不重視此項配合作業，而只重視該合資子公司之成長機會。

此外，當地合夥人對於合資企業資金的運用或業務擴張計畫之擬定，均常與外商母公司的決策會發生衝突。

三、合資合夥對象公司的選擇標準

美國學者格林克（Michael Geringer）在1990年所做一項對國際合資事業的研究調查中，曾篩選出十四項評估合作合夥公司的最重要評估指標，此包括：

1. 有經驗的管理人才（management）；

2. 技術純熟的員工（employee）；

3. 政府獎勵措施的誘導（government incentive）；

4. 財務資源（financing）；

5. 政府壓力與規範需求的程度（regulation）；

6. 行銷與分配系統（marketing）；

7. 客戶售後服務網路（service）；

8. 商標（trademark）；

9. 齊全的產品線（full-line）；

10. 快速進入市場（entry rapid）；

11. 所知覺上的本土認同感（local identity）；

12. 對政府的銷售（government sale）；

13. 對專利與智慧財產權的知識（patent）；

14. 合資成立地地點（location）。

四、形成國際合資的因素

　　國際合資是跨國企業在全球化推展進程中，經常可見到的型態。此種以股權參與對方公司的型態即是國際合資（joint venture）。國際合資為何會被廠商所採用，主要有以下幾點原因：

1. 透過國際合資，以強化公司現有的業務。

2. 達到與大型競爭者一樣的規模經濟。

3. 為了確保獲取原料及關鍵零組件之供應無虞。

4. 為了分享研究與發展的努力成果並降低成本與風險，故透過合資。

5. 透過合資以擴大行銷及配送的規模經濟，並加速業務成長。

6. 希望能將較小與較弱的事業部門加以合併，以增強事業力量。

7. 為了要在公司主要的業務上，能夠取得核心技術。

8. 有些計劃規模太大，透過國際合資，可降低財務風險。

9. 透過合資，可將公司現有產品推向海外新市場。

10. 透過合資，可跟隨客戶進軍海外市場。例如日本汽車廠與美國車廠合資在美國設廠。

11. 透過合資，可投資「未來潛在市場」，在新興市場搶得一席之地。

12. 可獲得在公司現有市場中，銷售新產品。

13. 運用合資多角化經營一項新業務。

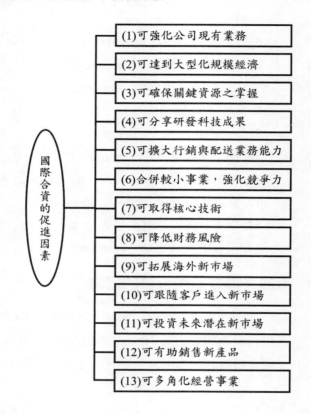

圖4-2
國際合資的促進因素

圖中內容：

國際合資的促進因素

(1)可強化公司現有業務

(2)可達到大型化規模經濟

(3)可確保關鍵資源之掌握

(4)可分享研發科技成果

(5)可擴大行銷與配送業務能力

(6)合併較小事業，強化競爭力

(7)可取得核心技術

(8)可降低財務風險

(9)可拓展海外新市場

(10)可跟隨客戶進入新市場

(11)可投資未來潛在新市場

(12)可有助銷售新產品

(13)可多角化經營事業

五、合資協議的主要項目

在國際合資協議中，其協議內容涉及諸多事項，包括如下表各項：

表4-1
合資協議的主要項目參考

1. 定義
2. 營運範圍
3. 管理
   (1)董事會中股東及監察人的角色
   (2)執行董事會
   (3)發生僵局時的安排
   (4)營運管理
4. 仲裁
5. 各方的代表權及擔保（warranties）
6. 組織及資本額
7. 財務安排

8.與母公司的契約關係
9.權利、義務及智慧財產
10.終止協議
11.不可抗力條件
12.契約書（covenants）

資料來源："Teaming Up for the Nineties-Can You Survive without a Partner?"
Deloitte, Haskins & Sells International, undated.

本章習題

1. 請說明海外企業所有權政策有那二種型態？

2. 請圖示學者Stopford & Wells對海外投資所有權政策之抉擇因素為何？

3. 請說明日本今西伸二研究日本跨國企業傾向獨資的因素為何？

4. 試說明形成國際合資的因素為何？

5. 試說明國際合資有何缺點？

第**5**章

國際企業全球組織結構的演進及對海外的管控

第1節　國際企業組織結構的演進階段

依據多位國際企業學者共同一致的看法，以及企業組織的實務演變，多國籍企業的組織結構演進，大概可以區分為三大階段，並分述如下：

一、第一階段：出口部門及海外子公司設立階段

（一）型式

第一階段的海外事業組織結構，主要有兩種：

1. 單純的出口部門組織（export department）。
2. 具某種自主程度的海外子公司組織（autonomous subsidiary）。

上述第一種單純的出口部門組織，僅負責將產品從國內銷售到國外市場的單一功能。至於此出口部門組織的配置與歸屬則有兩種狀況：

1. 當公司業務及產品單純時，此出口部門可能是一個獨立的部門而與其他部門平行。
2. 當公司業務及產品均複雜時，則出口部門可能會配屬在各個獨立的產品事業部體系下。

隨著公司業務擴張及比較成本利益原則的採行，企業開始對海外進行直接投資（foreign direct investment），亦即設立海外行銷據點及海外當地製造廠。

海外子公司（foreign subsidiary）與母公司（headquarter）間權力的分配政策，要依各種不同條件下而定。

（二）優缺點

在此階段下之海外子公司，由於子公司數量尚未廣泛密佈在全球各國而須嚴加管理控制與調配，因此，各海外子公司得有較大授權空間進行業務開展。此種組織結構，其優缺點如下：

1. 優點

(1)當獲授權時，海外子公司可能可以較快速的反應去迎合當地市場的變化，以增強在當地的營運績效。

(2)在重大決策上，海外子公司仍不免要聽從母公司之指揮，因此，母公司仍握有掌控權，不會使海外子公司脫離常軌。

2. 缺點

(1)海外子公司經常從自我利益角度（sub-optimize）進行運作，而未能顧及全球企業追求整合體系的世界績效最大化。

(2)當母公司採集權式管理形態時，將造成母公司有權無責，而海外子公司有責但無權之混淆情況。

這種海外子公司的多國籍企業組織型態，在早期的歐洲跨國企業經常可見，他們稱之為「母子型組織結構」（mother-daughter structure）。即使到今天，仍有不少歐洲多國籍企業保留此種組織結構持續在運作。

二、第二階段：國際事業部組織階段

（一）成因

當海外市場日益擴大，海外營業額所佔比例持續增高以及海外活動日漸複雜之際；具有統括性質的國際事業部（international division）有了設立的迫切需要性。國際事業部組織的職責範圍，包括直接出口、海外行銷據點合作、海外生產據點營運、海外資金籌集以及國際專利申請與國際合作等整合性事務。

（二）優缺點

1. 優點

(1)在與國內事業部分離後，將較具有自主性及世界性視野，而推展國際化戰略。

(2)透過海外所有據點（生產、銷售與管理）的統合運作過程中，可以訓練及培養出國際企業高階管理人才。

(3)由於海外事業活動之集中性，將使海外營運之指揮與管控系統易於運作。

2. 缺點

(1)國際事業部所銷售的產品,有一部分與國內事業部有所關連,而須獲得國內事業部之協助,因為國內與國外事業本質上屬於對立,故自會有摩擦現象出現。

(2)國際事業部的主管必須非常能幹,才能有效領導統御全球各子公司;若非如此,將遭到海外子公司之排拒,益使海外子公司與母公司雙方之協調與管控更加雜亂。

對日本多國籍企業而言,在國際事業部組織的階段中,有二點提出來加以補充說明:

1. 日本企業稱「國際事業部」,有時亦稱之為「海外事業擔當部門」。

2. 對此國際事業部而言,經常會選任一位具有國際經營理念的常務董事(即代表取締役)來擔當此重要職位,以統合各國海外子公司之營運活動。

三、第三階段:全球化組織階段

隨著企業在海外各地產(生產)、銷(銷售)、管(管理)、研(研究開發)據點急速擴充增加;以及海外產銷比例超過國內比例;與海外產品及市場日益多角化;非常有必要對全公司的組織體系及架構加以重編及統合,以形成一個全球化的組織結構(global structure)。依據多位國際企業學者及企業實務上一般的劃分,全球化組織結構可有四種型態加以採用,現在分別說明如下:

(一)「全球產品」事業部(Global Product Division)組織

1. 適用狀況

此組織係依各不同產品群(product group)而劃分成各自獨立的產品事業部(division),每一個產品事業部均負責該類產品在國內與海外之生產、銷售、研發以及經營管理創造利潤之責任。此種組織模式,較適合於以下幾種狀況之企業:

(1)具有多群產品或多角化產品的企業。

(2)產品技術層次高的企業。

2. 圖示

全球化產品事業部組織結構可，如下圖所示：

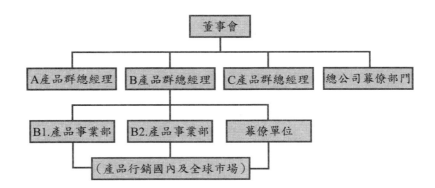

圖**5-1**
全球化產品的事業
部組織架構

3. 優缺點：

全球化產品的事業部組織之優缺點分別為：

(1)優點

　　①透過全球性商品的標準化以及生產的合理化，將可獲致較低的
　　　生產成本，進而強化全球競爭能力。

　　②透過集團方式生產管理規劃，將可有效提高科技移轉以及公司
　　　資源的適宜配置。

　　③國內與國外事業部活動之合併，將有助一元化的領導並提高效
　　　率。

(2)缺點

　　①此種組織結構將使海外各子公司減弱其對國際性的承諾，換言
　　　之將各行其事，而不再像以往受到國際事業部之控制。

　　②不同產品事業部間之國際化戰略與政策不一致，引致共通事項
　　　的可能衝突，而使欲進行之溝通不易執行。

4. 企業實例

(1)美國GE公司（奇異電機公司）

　　美國奇異電機公司係世界營收額第一大製造業。

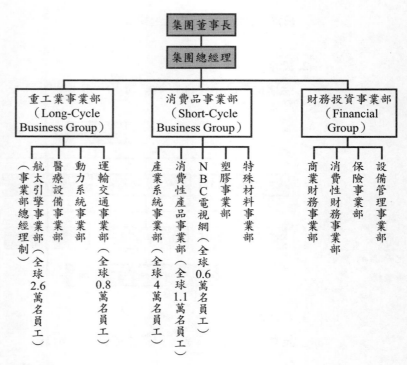

資料來源：美國GE公司網站

(2)日本三菱商社公司組織表

日本三菱商社是日本前三大商社，其組織架構主要是以「事業群」（business group）為基礎，由七大事業群負責國內及全球產銷及貿易業務。

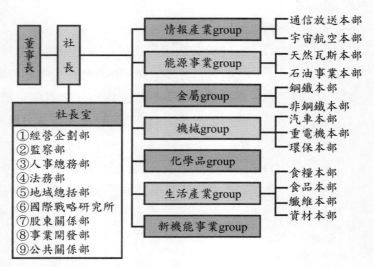

資料來源：日本三菱公司日文網站

(3)日本Canon公司組織表

　　日本Canon公司為世界知名之辦公室事務機器公司。其組織架構如下：

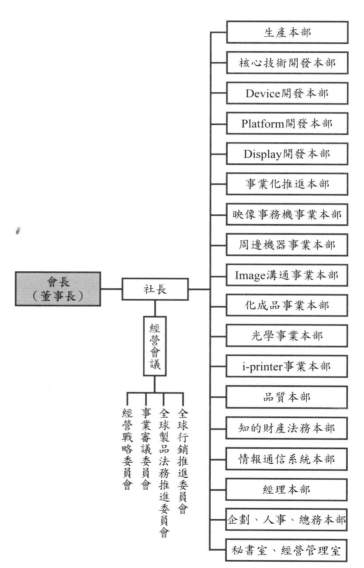

資料來源：日本Canon公司日文網站

(4)美國柯達公司

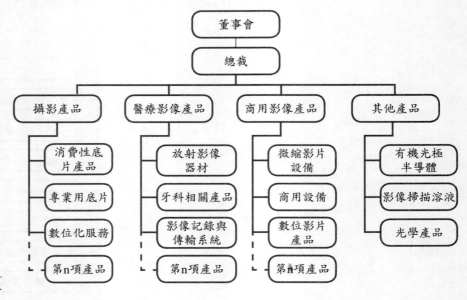

圖5-2
全球性產品劃分組
織結構

資料來源：http://www.kodak.com/US/

（二）「全球地區」事業部（Global Region Division）組織

此組織係依各不同地區別（by region）或國別（by countries）而劃分成各自獨立的事業部；每一個地區事業部均負責公司所有產品在該地區或該國之生產、銷售、研發，以及經營管理創造利潤之責任。

1. 適用狀況

此種組織模式，較適合以下幾種狀況之企業：

(1)產品多角化程度較低，即產品類別較少之多國籍企業。

(2)不同地區間產品有顯著差異性之企業。

(3)該地區市場規模足夠經濟化。

2. 優缺點

全球化地區事業部組織之優缺點分別為：

(1)優點

①因市場的一致性程度高，因此在地區性指揮、領導、市場資

訊、經營管理等較容易推展。

②能夠與該地區密切結合。

(2)缺點

①各不同地區事業部門，因不同策略而須進行溝通協調時，將存在困難。

②當海外經營產品愈來愈多角化時，地區的負荷與對產品的瞭解及控制力，也相對增大困難。

3. 圖示

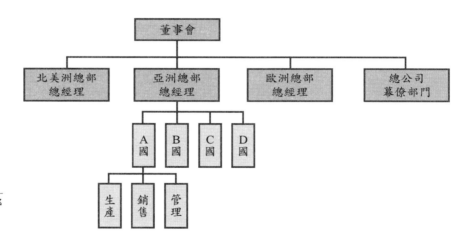

圖**5-3**
全球化地區事業部組織結構

4. 企業實例

(1)全球化地區事業組織結構範例

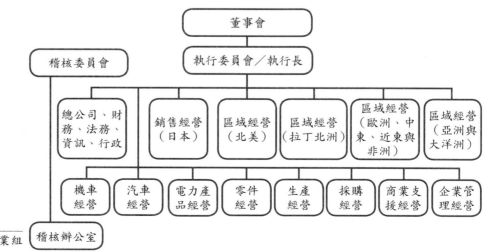

圖**5-4**
全球化地區事業組織結構

資料來源：本作者研究整理

(2)日本松下電器公司組織表

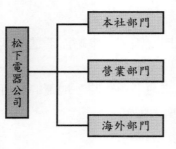

（經營企劃、經理、人事、總務、品質本部、環境本部、資材調達本部、IT革新本部、技術部、公共事務部等）

（家電流通本部、設備營業本部、National行銷本部、電材營業本部、CS本部、Panasonic行銷本部等）

（美洲本部、歐洲本部、中東、非洲本部、中國及東北亞本部、海外業務本部、亞洲本部、國際商事本部等）（計44個國家229家公司）（含括生產、銷售、研究開發、金融及支援性質公司）

資料來源：日本松下電器公司日文網站

（三）「全球功能」部門（Global Function Division）組織

　　此組織係各不同企業內部功能而加以劃分成各部門，每一個功能部門均負責國內及海外之相關功能運作。此種組織模式，較適合於規模較小以及產品比較少之企業。

　　此種組織產銷分離且各功能部門獨立，將增加協調與溝通上之困難。

1. 全球功能部門組織結構範例一

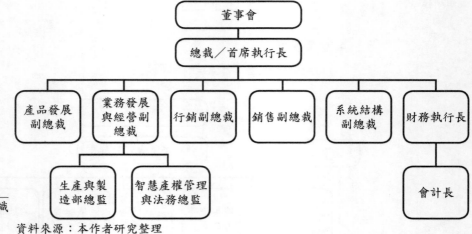

圖5-5
全球功能部門組織
結構

資料來源：本作者研究整理

2. 全球功能部門組織結構範例二

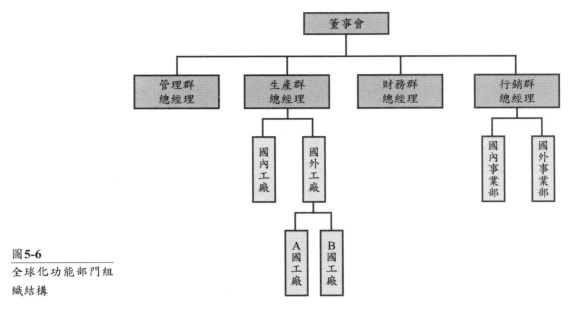

圖5-6
全球化功能部門組
織結構

3. 日本三井商社公司組織表

日本三井商社是日本前三大商社，其組織架構，主要是以「功能群」（function group）為基礎而組織，如下表：

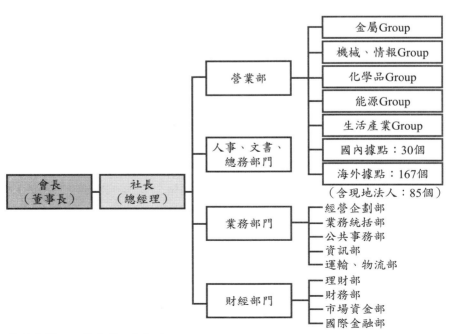

資料來源：三井公司日文網站

（四）「全球化矩陣」組織（Global Matrix）

此種組織係按產品別、地區別、功能別等三個變數中，選擇兩項，形成為橫縱兩軸的矩陣或組織架構。矩陣式組織經理人員（matrix manager）會面對兩位上司主管，而且有二套指揮系統（dual reporting system）。全球化矩陣組織是所有組織設計中最為複雜的一種；此模式對於海外產品多角化程度很高，產品技術層次高，以及在海外有多個據點之巨型跨國企業較適宜採用。

全球化矩陣組織結構圖示如下：

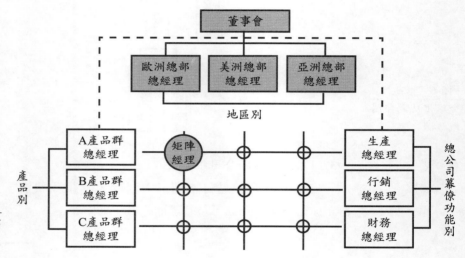

圖5-7
全球化矩陣組織結構

矩陣組織的缺點在於二元化的命令系統下，將產生利害對立、責任模糊、指揮衝突以及報告繁雜等問題出來。但矩陣組織對於市場及產品科技等雙重部門必須高度反應，以及對於增加決策之彈性角度來看，卻有相當正面的貢獻。

航太公司（Aerospace Companies）是首先使用此種組織模式之產業，到今天也擴及電子公司、化學公司等。諸如世界級的多國籍企業花旗集團（Citicorp）、德州儀器（Texas Instruments）、殼牌石油（Shell Oil）、TRW公司等均以全球化矩陣組織來運作全球業務。

（五）「全球獨立公司」組織（Global Independent Company）

1. 日本伊藤忠商社公司組織表

伊藤忠為日本前三大商社公司，其組織表係以功能別、獨立公司別、國內外營業據點別等所混合組成。而總部則成為控股總部的型態。

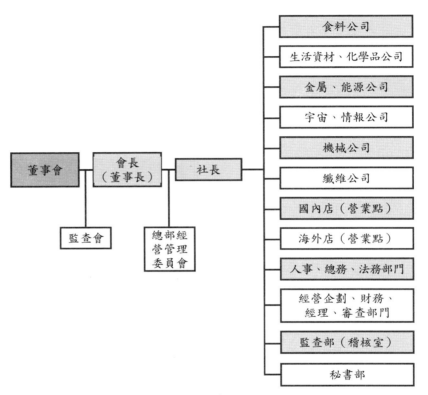

資料來源：伊藤忠商社公司日文網站

2. 日本東芝公司（Toshiba）組織表

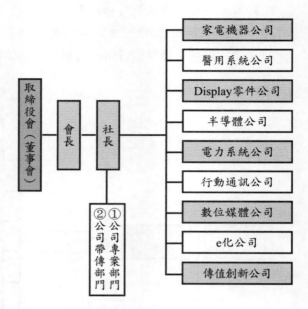

資料來源：日本東芝公司日文網站

四、小結：國際化組織結構的演進

　　如下圖所示，企業的國際化組織，必然隨著該公司產品的多元化，以及國外銷售佔比的程度，而使組織結構有所變化及變革。

　　這種國際組織的演進，係從單純的外銷部門→國際事業部→全球產品事業部→全球地區事業部→全球矩陣組織等狀況而演進。每一個組織的變革，都是因應組織中長程事業發展及全球佈局發展而所必需的改變，以避免閉門造車的現象。

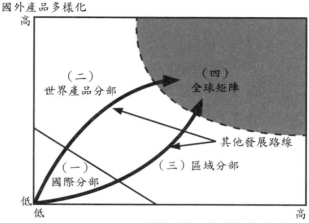

圖 5-8
國際組織結構的演
進

資料來源：From Christopher A. Bartlett, "Building and Managing the Transnational: The New Organizational Challenge," in *Competition in Global Industries*, ed. Michael E. Porter (Boston: Harvard Business School Press, 1986), 368.

第2節　跨國公司對海外子公司的控制

一、管控系統四大內容

跨國公司對海外子公司的控制，主要仍是官僚式與正式的管控方式及系統。

這種制式化管控系統，包括了四大內容：

1. 一套國際性的「預算控制」與年度「營運計劃」
2. 「功能別」的回報系統
3. 屬於高階的「策略規劃」
4. 指導功能別績效的「政策手冊」

另外一種是屬於文化性的控制，包括企業經營理念、管理哲學、領導風格與企業文化等相關的人文性、內在性的管控方式。

表5-1

比較官僚式和文化
式的的控制機制

控制的種類			
控制目標	（一）純官僚式／正式化控制	（二）純文化控制	控制的特特
產出	正式的執行報告	共享的執行規範	總部設定短期的執行目標並要求子公司做經常性報告
行為	公司政策和手冊	共享的管理哲學	總部積極參與子公司的策略制定

資料來源：Peter J. Kidger, "Management Structure in Multinational Enterprises: Responding to Globalization," *Employee Relations*, August 2001, 69-85; and B. R. Baliga and Alfred M. Jaeger, "Multinational Corporations: Control Systems and Delegation Issues," *Journal of International Business Studies* 15 (Fall 1984): 25-40.

二、資料回報內容

在正式的管控系統中，總公司大致對海外子公司有如下資料回報的需求：

1. 每天的、每週、每月的營業收入回報。
2. 每月損益表的回報。
3. 每月費用的回報。
4. 每天、每週、每月的生產數據回報。
5. 每年資產負債表的回報。
6. 每年預算的回報。
7. 每年營運績效的檢討報告回報。
8. 重大危機處理事項回報。
9. 每年R&D研發計劃的回報。
10. 每年銷售計劃的回報。
11. 每年行銷預算的回報。
12. 每年員工人力的回報。
13. 每年人才拔擢提升的回報。
14. 每年採購計劃的回報。
15. 每年重要資本支出的回報。

在上述管控系統中，主要的核心主軸就是「預算控制」。外國企業幾乎都是依年初所提的預算做為實際考核海外子公司的依據及評價基礎。

三、影響組織結構與決策的因素

究竟跨國公司的總公司及海外子公司，組織結構及日常決策制度為如何，要看以下幾個因素而定。包括：

1. 企業參與國際營運的程度：

當企業參與國際營運程度愈小，則代表海外市場及海外子公司對母公司而言，並不是十分重要，因此只要海外子公司不虧大錢，公司並不太會管得太深。

2. 公司所要行銷的產品種類：

如果為一般消費性商品，或必須立即反應當地行銷狀況的商品，則其分權化、授權化、彈性化的狀況會較多；反之，如果為重工業產品或精密科技產品則因其產品知識很高，故中央集權式組織就較常見。例如奇異（GE）賣飛機引擎，波音賣空中飛機等均屬之。

3. 公司的海外市場規模及重要性：

母公司在海外某些國家市場比重很大時，有時也出現將全球總部移到該海外國去，即授權當地國全權處理一切事務。例如飛利浦已有幾個事業部的總部移往美國，完全由美國當地總部去運作。

再如雀巢食品公司，其國內市場營收額只佔全球5%，海外為95%，故該公司是一個高度分權的子公司，然後求其生存及獲利。

4. 海外公司人力資源的能力及表現的狀況：

人才團隊也是一個影響因素，如果海外子公司具備優良的人才團隊，營運績效又很上軌道，不太需要事事請示總部，故有較高的營運決策自主權；反之，一個營運經常出問題的海外子公司，則必然處處受到總公司的管控及追蹤。

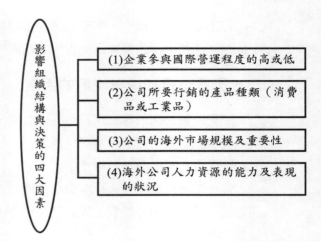

圖5-9
影響組織結構與決
策的四大因素

影響組織結構與決策的四大因素

(1)企業參與國際營運程度的高或低

(2)公司所要行銷的產品種類（消費品或工業品）

(3)公司的海外市場規模及重要性

(4)海外公司人力資源的能力及表現的狀況

本章習題

1. 請圖示全球產品事業部之組織架構。

2. 請分析全球產品事業組織之優點及缺點為何？

3. 請圖示全球地區事業部之組織架構。

4. 全球地區事業組織模式較適合於那些狀況？

5. 請圖示全球功能部門之組織架構為何？

6. 試圖示國際組織結構的演進為何？

7. 試說明跨國公司對海外子公司的控制系統四大內容為何？

8. 試說明影響跨國組織結構與決策的因素有那些？

第**6**章

全球化策略規劃

第1節　全球化策略規劃與全球性策略的形成

一、全球化策略規劃

學者Hodgetts（2000）提出國際企業策略規劃形成的簡易四步驟，如下圖所示：

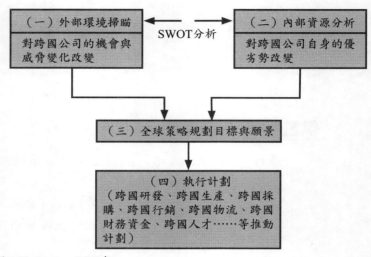

（一）外部環境掃瞄		（二）內部資源分析
對跨國公司的機會與威脅變化改變	←SWOT分析→	對跨國公司自身的優劣勢改變

（三）全球策略規劃目標與願景

（四）執行計劃
（跨國研發、跨國生產、跨國採購、跨國行銷、跨國物流、跨國財務資金、跨國人才……等推動計劃）

圖6-1
國際企業策略規劃步驟

資料來源：Hodgetts，2000年

（一）外部環境掃瞄（O&T分析，機會與威脅）

跨國企業必須對全球各地區、各國家及各市場進行深入外部環境變化分析，才能掌握外部契機或因應外部威脅。這些外部環境的改變，可能含括了經濟、競爭、政治穩定性、科技及人口統計變數等環境資料。例如日本自1990年代以來，經濟成長率趨近於零，處在十年不景氣之中；而中國大陸則保持平均8%的高速經濟成長率，顯示外銷及內需市場均處在蓬勃成長態勢之中。這就是經濟環境的變化；再如，中國大陸自1980～2011的31年之中，吸收了8000億美元的外國直接投資金額，顯示了中國大陸是一個吸金黑洞；而歐洲聯盟（EU）15國也已在2002年成立歐元統合的經濟實體，成為大歐洲單一市場；再如，現在被炒熱的未來全球市場新興國家的四個，即金磚四國（中國、印度、巴西及俄羅斯），也是一種全球化商機所在。

（二）內部資源分析（S&W分析，優點與缺點）

　　跨國公司在進行外部環境分析的同時，亦應同時進行內部資源分析，亦即跨國公司自身有哪些關鍵且獨特的資源及關鍵成功因素（KSF），可確保進軍全球市場，並與當地國企業集團相競爭。這些內部資源，包括了：

1. 品牌資源；

2. 技術資源；

3. 人力資源；

4. 專利權資源；

5. 研發資源；

6. 財務資源；

7. 營運know-how資源；

8. 行銷技能資源；

9. 人脈資源；

10. 全球化支援力量資源；

11. 成本優勢資源；

12. 資訊網路資源；

13. 通路資源；

14. 規模經濟資源。

（三）設定策略目標

　　跨國企業在決定走向全球化市場之後，就應設定各種企業功能層面的戰略目標，包括：

1. 獲利力目標（Profitability）

(1)獲利水準及回收年限；

(2)ROI、ROE、ROA（投資報酬率、股東權益報酬率及資產報酬率）；

(3)EPS（每股盈餘）。

2. 行銷目標（Marketing）

(1)全球銷售量及未來成長；

(2)全球、地區、各國市場佔有率（market share）與品牌地位；

(3)區域行銷資源整合目標。

3. 財務目標（Finance）

(1)最適資本結構；

(2)外匯變動管理風險最低；

(3)稅賦最小化目標；

(4)融資及保留盈餘目標；

(5)每日現金總控目標；

(6)當地國證券市場是否申請上市。

4. 生產與採購目標（Production & Purchase）

(1)當地銷售及外銷數量比例；

(2)規模經濟效益的生產數量；

(3)品質與成本控制；

(4)最高效率製程；

(5)採購來源當地化；

(6)全球各地生產與採購的最適當調配。

5. 人力資源目標（Human Resources）

(1)全球外派經理人的人力發展與培養；

(2)本土化人才的培養。

（四）執行計劃

　　跨國企業進行執行階段以後，必須關注到當地化與本土化的落實。才能因應各地不同的政經及社會人口因素與結構，隨時機動調整，以面對全球各地區及各國不同的現實市場，才能做好當地的行銷活動。

1. 跨國策略（Transnational Strategy）形成的過程

　　學者George Stonehouse（2000）對跨國策略的形成，曾以一個完整觀點的圖示如下：

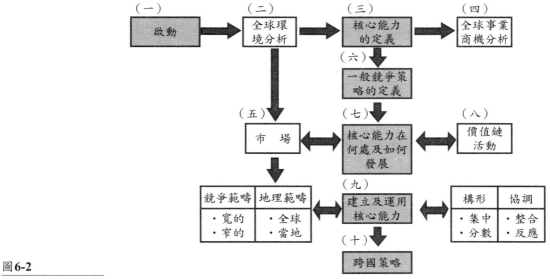

圖6-2

跨國策略形成過程　資料來源：George Stonehourse，2000年

二、全球性策略的形成

根據羅伯特格蘭特（Robert M. Grant）的說法，他認為國際企業的全球性策略形成圖示如下，並簡述如下：

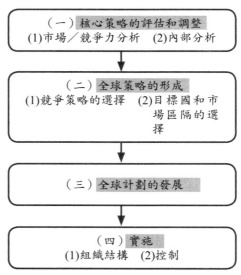

圖6-3

全球性策略的形式　資料來源：Robert M. Grant，2005

（一）核心策略的評估及調整

包括要進行兩項分析：

1. 市場／競爭分析：

要從全球性市場的潛力、市場的結構及競爭狀況做出整體的分析與評估。廣泛地從不同的市場，去看待世界市場的商機在那裡。

2. 內部分析：

任何策略的選擇，都必須審視公司內部自身的組織資源有多少，以及本身的競爭優勢能量有多少，他們又適用在那些目標市場上，才會有贏的機會。

（二）全球策略的形成

1. 競爭策略的選擇：

在全球市場上，如波特教授所言的，有三種競爭策略：一是低成本領導策略、二是差異化策略、三是專注集中策略。公司自身必須觀察最適當與最有效的競爭策略是什麼，然後投入公司最大的資源力量，才能勝過競爭對手。

2. 目標國家與市場區隔的選擇：

全球化策略仍須有其優先順序，我們必須先挑選出具有優先性、吸引性與可能成功的目標對象國家，及其國家之下的市場區隔。例如，我們先挑選中國大陸，以其低價區隔市場做為首要目標。

（三）全球計劃的發展

在全球計劃的發展中，主要著重在行銷4P的計劃，包括：

1. 產品（Product）： 我們預計提供什麼樣的產品？那些產品線？那些品項？那些品牌？是標準化產品或在地化改良產品？

2. 定價（Price）： 我們預計的訂價計劃為何？是高價位、中價位或低價位策略？這些價位與當地的競爭狀況比較又是如何？那種價位是有利於市場銷售的？

3. 通路（Place）： 我們預計的通路計劃為何？是密集通路？是經銷制？是直營門市店？是加盟店？或是多角化通路？

4. 推廣（Promotion）： 我們的推廣促銷計劃為何？是否做電視廣告？

做促銷活動？做運動行銷？做代言人活動？做公益活動？

（四）實施

1. 組織結構：我們應該採行何種組織結構？是事業部、功能部、或是品牌部的？那種組織結構最適合當前業務的推展？

2. 控制：我們應建立那些考核、管控、監督與協助的控制機制，以使績效能夠真正發揮，達成原訂的預算目標。

（五）小結：全球化策略規劃的思考點所在

總結而言，全球性策略規劃的推展，必須思考得更高，並包含更多的要素在分析架構裡，這包括了：

1. 全球性市場的吸引力與競爭性深入分析。

2. 本公司內部資源、能力、專長、人才團隊及優劣勢的深入分析與判斷。

3. 本公司的全球性，能夠勝出之競爭策略方針的選擇，及評估為何？

4. 本公司應優先進入那些全球性的國家市場，優先的、次優先、較後段的國家市場分別是那些？

5. 上述幾項要點確定之後，即要進入行銷4P實戰的具體計劃與政策方法。包括產品（product）、定價（price）、通路（place）及推廣（promotion）等4P戰術計劃。

6. 最後，則是如何設計一個最佳的組織架構及管控方法，以達成績效目標。

三、海外目標市場的選擇及篩選

Franklin（1994）認為海外目標市場的選擇或篩選過程，大致有如下圖所示的四個步驟，分別是：

(1)預先篩選；

(2)按產品類型估計市場潛力；

(3)估計公司產品的銷售潛力；

(4)辨認目標市場中的市場區隔。

（一）預先篩選

1. 指的是針對該國的一般國家因素進行了解及評估，例如國民所得、國家發展程度、進出口貿易量、國民消費力、市場總購買力、人口總數、GNP國民生產總值、重工業化程度、國家的文化風俗等。

2. 另外也須評估一般產品的特定因素；例如通訊產品的基礎建設程度如何，水泥產品的國家建設程度如何等。

（二）按產品類型估計市場潛力（market potential）

評估市場潛力要看這個產品在該國市場的(1)市場規模（產值），與(2)市場潛力程度如何。若市場規模太小，則跨國公司可能不會將該市場列為優先對象，例如亞洲地區的日本及中國算是市場規模比較大的，其他的韓國、台灣、香港、新加坡等則次之。

（三）估計公司產品的銷售潛力

這包括幾項因素：

(1)競爭的優勢或劣勢如何；

(2)市場進入障礙的高或低程度如何；

(3)產品的相容性、可試用性、溝通能力如何；

(4)通路結構：能夠進入當地的行銷通路結構，其階層及普及性程度如何；

(5)消費者：對此品牌的購買能力、接受意願及喜愛程度，以及是否接受國外品牌的商品。

（四）辨別目標市場中的市場區隔（market segmentation）

外國品牌不可能進入大眾化的市場，應當是從區隔化、分眾化、目標客層化的市場著手才比較容易成功。因此，選擇適合本公司產品的區隔市場，也是成功的關鍵因素。

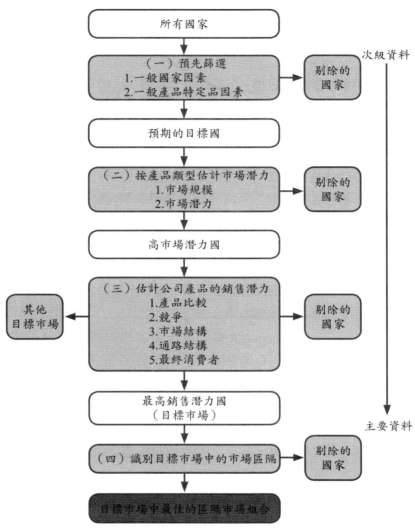

圖6-4
海外目標市場選擇
的篩選四大過程

資料來源：Adapted from *Entry Strategies for International Markets*, p. 56, by Franklin R. Root (Lexington, MA: Lexington Books, D.C. Heath & Co., Copyright 1994, D.C. Heath & Co.)

四、國際企業的「產業五力分析」模式

　　跨國企業在制度競爭策略與分析競爭態勢時，經常會用到麥克・波特教授的產業五力分析架構。此即代表跨入此行業是否會賺錢或虧錢，是否會面臨很大或很小的困境。這五個影響的力量要素，如下列及圖6-5所示：

1. 現有競爭者的競爭激烈程度與競爭力現況。

2. 是否有新進入者的進入障礙或進入威脅。

3. 是否有被替代掉的可能性存在，例如新聞報紙被電視新聞及網路新聞所替代掉。

4. 與上游供應商的議價能力及程度為何，此影響到公司成本的結構。

5. 與下游重要顧客的議價能力及程度為何，此影響到公司的價格政策及利潤多寡。

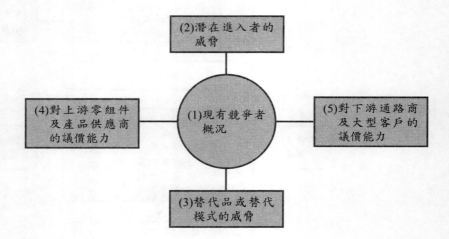

圖**6-5**

國際企業的產業五力分析架構

五、跨國企業的關鍵成功要素（key success factor）

跨國企業在每個產業、每個市場上取得成功或勝過別人的要素，我們均稱為關鍵成功要素（KSF）。

跨國企業在國際拓展的策略規劃上，都會注意到他們的關鍵成功要素，並加以好好掌握、擁有控制及運用，然後才會有好的經營績效成果可言。而這些關鍵成功因素，可能包括了：

1. 創新的技術或產品。

2. 寬闊的產品線。

3. 有效的配銷通路。

4. 價格優勢。

5. 有效的促銷。

6. 先進的實體設施或是專業勞工。

7. 公司的經營經驗。

8. 原料的成本區位優勢。

9. 生產的成本區位優勢。

10. 研發的品質。

11. 財務資產。

12. 產品品質。

13. 人力資源的品質。

14. 其他因素。

第2節　全球市場競爭的二種競爭壓力與國際化策略類型

一、全球競爭二種壓力來源

　　學者Hill（2001）研究認為，跨國企業在全球市場競爭，主要面對二種競爭壓力型態：(1)「成本降低」（cost reduction）壓力；(2)「在地化回應」（local responsive）壓力。

　　如下圖所示，C公司即是面對著既要降低成本，又要回應在地化壓力均高的狀況。而A公司則只要面對成本降低壓力，B公司也只要面對在地化回應的壓力。

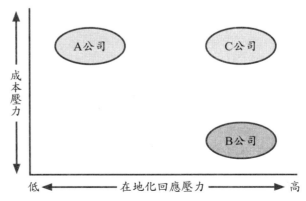

圖6-6
全球競爭二種壓力
來源

資料來源：Hill, 2001

（一）對「成本降低」的壓力

事實上，跨國企業面對愈來愈大的成本降低壓力，它們必須透過規模經濟生產大量化及標準化以降低成本，尤其有些產業不易有差異化產生，因此，必須尋求成本領先優勢才行。例如：輪胎、石油、鋼鐵、化工、製糖、鋁製品。除此之外，事實上，成本降低壓力所屬的產業，亦已延伸到個人電腦（PC）、半導體、汽車、通訊、電子、液晶顯示器、液晶電視機、3G手機等高階科技產業。進到2005年後，激烈的全球市場競爭環境中，全部產業均在力求成本降低的優勢與不得不面對的成本競爭現實。

跨國企業在全球化成本降低的優勢來源，主要有二點：

1. 規模經濟（economies of scale）

當生產規模愈大時，單位成本就愈低。因為固定成本被大量生產所平均分攤掉。即使是原料變動成本，亦可尋求採購降價。例如製造30萬部的汽車大廠與10萬部汽車中廠的採購成本與生產成本，就有顯著的差異。

例如，日本豐田汽車在全球已銷售近800萬部汽車，比起日產（Nissan）汽車的380萬部汽車，其成本自然會有差異。

2. 學習效果（learning effect）

由於工廠作業人員對生產作業與組裝技術日益熟練，故每人產出量效率提升，而產品不良率則下降。如下圖所示：

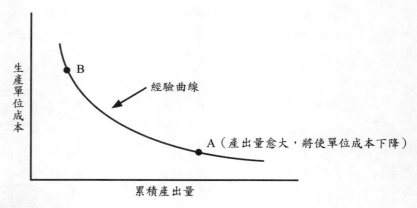

圖6-7

學習效果圖示　　　　資料來源：本作者整理

由經驗曲線來看，當累積產出量愈來愈多，作業員工技能愈熟練時，產出的單位成本就愈下降。因此，新開工廠的第一年成本，自然會比

已經開十年的工廠成本要高一些。因為員工作業組裝的熟練度是比較低的。

（二）對「在地化」回應的壓力

跨國企業面對在地化回應的壓力來源，主要來自下列幾點原因：

1. 滿足各國消費者口味及偏好的差異化。
2. 各國基礎建設及實際條件的差異所致。
3. 因應各國行銷通路差異化及不同的狀況。
4. 當地政府對外資企業的政治與經濟需求。因此，訂定相關法令規範，以滿足當地政府需求。
5. 語言不通的現實與文化的差異，必須落實當地化人才培養，才能達到激勵全體員工士氣。
6. 全球化民主的風潮與全球化高等教育的普及，使各國民智大開，先進與落後水準已縮小差距。
7. 因應各國經濟條件與商業環境的不同。

二、跨國企業發展全球化的兩種不同類型 —— 全球整合與當地回應

（一）全球整合（全球化）

鼓勵企業走向全球整合的促進因素（facilitating factor）主要有：

1. 一般性促進因素
   (1)更自由的貿易環境及條件：WTO組織使全球貿易環境更充份自由及無障礙。
   (2)全球性的金融服務及資本市場：金融服務及資本市場的全球化，使企業的全球化整合與協調變得更為容易。
   (3)通訊技術的進度：此使組織的管控及溝通變得更為容易。
   (4)網際網路的成長：網際網路的快速成長對全球化有非常大的衝擊。包括買賣雙方的資訊溝通，及全球化各地企業的溝通等，均能快速獲得解決。

2. 特定產業的促進因素

(1)客戶需求的一致化；

(2)全球化、標準化的客戶；

(3)全球化的競爭者；

(4)高投資密度，使全球性標準化的壓力就愈大。

(5)降低成本的壓力。愈全球一致標準化，零組件及產品的成本就會愈低。

（二）走向當地化（本土化）的壓力

1. 國家特定因素的壓力：

(1)面對若干當地化的貿易障礙，迫使必須本土化回應；

(2)文化差異；

(3)國家主義及民族主義至上的盛行，必須本土化；

(4)網際網路的普及化，促使當地化回應。

2. 多國籍企業特定因素的壓力：

(1)組織對變革的抗拒；

(2)全球化管理人才不足，迫使必須本土化；

(3)易損壞產品與運輸限制，必須成為地方回應性產業才行；

(4)新生產技術，使高速度完成生產，而必須當地回應；

(5)即時生產（just in time）：被要求準時出貨與及時生產的產品，也必須回應當地；

(6)行銷當地化需求：很多消費性產品，例如代言人、廣告、宣傳、促銷、公關活動、贊助活動、公益活動等均必須當地化作為才有效果。

茲圖示如下：

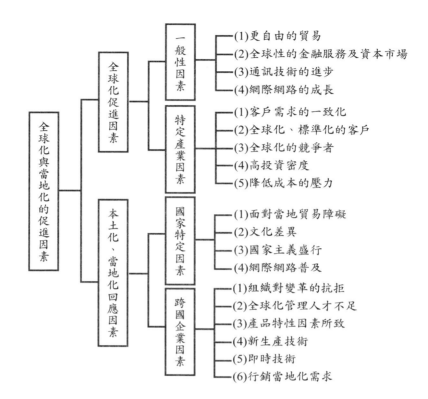

圖6-8
全球化與當地化的
促進因素

茲圖示不同行業的全球化或當地化的狀況：

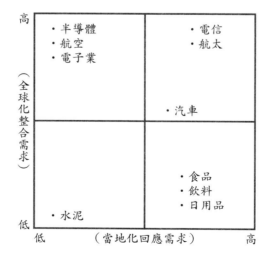

圖6-9
不同行業的全球化
或在地化

三、四種模式的國際策略性選擇

在面對上述所提到二種壓力型態，跨國企業必須採取四種國際化策略的選擇。學者Charles W.L. Hill（2001）歸納如下圖所示，並分述如下。

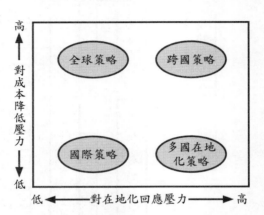

圖6-10
四種國際化策略選擇

資料來源：Charles W. L.Hill, (2001), International Business, P392

（一）多國在地策略（multidomestic strategy）

採取此策略導向的公司，主要是面對在地化回應非常高需求的國家。例如美國福特汽車或日本TOYOTA汽車在海外各國設立汽車廠，其車型必須符合在地消費者需求。追隨此一策略的企業，希望使企業回應當地需求的程度最大化。

與採用國際策略的企業相似的是，它們也將母國所發展出的技術及產品移轉至海外市場，然而，與國際化企業不同的是，多國本土化策略積極地將其提供的產品及行銷策略兩者顧客化與當地化，以符合各國不同的狀況。據此，它們傾向於在每一個商業往來的主要國家市場中，建立具當地特色的價值創造活動──包括生產、行銷及研發。

這種當地化的作法使它們一般都無法獲得經驗曲線效益，及區域經濟效益，因此，採多國本土化策略之廠商有著較高成本結構的可能性，不過這並不代表他們不會獲利，仍然可能會賺錢的。舉例來說，像日系TOYOTA汽車在台灣合資公司國瑞汽車，或是NISSAN日產與台灣裕隆汽車的合資公司，或是台灣P&G寶僑公司、聯合利華公司、日本花王公司等，都是屬於多國在地策略，但仍然賺錢。

（二）全球策略（global strategy）

採取此策略導向的公司，主要是面對「全球低成本領先」的追求。例如Intel、德州儀器、NOKIA手機、HP電腦、TOYOTA汽車、Panasonic、Canon影印機、日立冷氣、SONY彩色電視機等，在海外設立工廠，均在尋求海外最低生產成本的製造基地。採用全球化策略的企業，乃是藉由經驗曲線效益及區域經濟效益的成本降低來增加獲利，亦即，它們追求的是低成本策略。

追隨此一策略的企業，其生產、行銷及研發等活動都集中在一些具有相對比較利益的地區。全球化企業較傾向於不將其產品及行銷策略顧客化，也不強調配合當地情形，比乃因為顧客化會因較短的生產週期及較小的產量，與企業功能的重覆投資而提高成本。相反地，全球化的企業較偏好在全世界行銷一種標準化產品，在此狀況下，它們可以由經驗曲線所形成的規模經濟效益而獲取最大利益，這類廠商較傾向於利用成本優勢以支援其在全球市場上掠奪性訂價（aggressive pricing）。

當降低成本壓力大而回應當地需求的壓力小時，此種策略最適用。隨著產品的成熟與普及，此種策略愈來愈受許多工業品產業歡迎，例如半導體業中，由於已產生全球化標準，而創出對全球標準化產品的大量需求（如D-RAM），如此一來，一些企業像三星（Samsung）、日立（Hitachi）與西門子（Simens）等D-RAM廠商都追隨全球化策略。

然而，如同前面所提及，許多消費品市場並不具此種條件，因為在其市場中回應地方需求的壓力仍然很高（如唱片、汽車、食品、西式速食、機車、飲料、洗髮精及日用品等）。因此，當回應地方需求的壓力高時，此策略並不適用。

（三）跨國策略（transnational strategy）

採取此策略導向的公司，是面對成本降低及在地回應的雙重壓力。例如麥當勞公司，在全球各國連鎖經營，既要尋求原物料最低成本供應，又要迎合在地消費者的口味偏好。

Bartlett和Ghoshal認為，在今日競爭劇烈的環境中，為在全球市場上存活，企業必須運用以經驗為基礎的成本效益，和區域經濟效益來追求低成本，同時移轉企業內的特殊能力，並注意當地需求的回應。更進一步，他們指出在現代的多國企業中，特殊能力並不僅屬於母國，它們可

能在世界任何一個營運據點中發展出來。因此,技術與產品提供的流向不該是單向的,不僅能由母公司流向國外子公司,也能由國外子公司流回母國,或由國外子公司流向另一子公司——此即學者所提出的「全球學習」(global learning)。

Bartlett和Ghoshal將此種企圖同時達成上述目標的策略,稱為跨國策略。跨國策略最佳的採用時機,為同時面臨高的降低成本壓力及高的回應地方需求壓力時,採此策略的企業試圖同時解決兩種壓力,以同時達成低成本及差異化優勢。

(四)國際策略(international strategy)

採取此策略導向的公司,主要是面對二種壓力來源均較低的狀況。因此,在此狀況下,跨國公司可對海外公司採取較嚴格的控制與指揮。例如像IBM公司、Wal-Mart量販店、微軟公司等。企業之所以採行國際策略,目的在於移轉其特有的技術及產品至國外市場以創造價值,而在國外市場中,當地競爭者並不具有此技術及產品。

近年來,大部分採用國際策略的企業已由以往單純之產品外銷,逐步轉變成將其在母國所發展出的差異化產品複製至新的海外市場以創造價值,因此,它們傾向於將產品發展功能(如R&D)集中的母國,並在每一個有商業往來的主要國家建立當地製造及行銷功能。雖然這些企業可能採取一些當地顧客化的產品供應及行銷手法,但程度仍然相當有限。在大多數的國際企業中,其總部終究保留著市場和產品策略的緊密控制權。

本章習題

1. 請圖示學者Hodgetts提出的國際企業策略規劃形成四步驟為何?

2. 試圖示學者Robert M. Grant提出的國際企業策略形成為何?

3. 試圖示學者Franklin認為海外目標市場的四個篩選過程為何?

4. 試說明學者Hill認為面對全球市場競爭有那二種競爭壓力?

5. 試說明跨國企業對在地化回應壓力的原因有那些?

6. 試說明促進企業走向全球整合的因素有那些?

7. 試說明促進企業在地化的因素有那些?

8. 試圖示國際策略選擇的四種模式為何?

第7章

國際行銷管理

第1節　國際行銷意義、環境分析及國際產品生命週期

一、國際行銷的意義

國際行銷的定義說法不少，譬如美國行銷學會（American Marketing Association, AMA）在1985年將國際行銷定義為：「以多國籍企業規劃並執行創意、產品與服務的概念化、訂價、促銷與配銷活動，並透過交換過程以滿足個人與組織的目標。」美國舊金山大學教授艾德溫・仕爾博士將國際行銷定義為：「將國際企業之產品與服務有關的規劃、促銷活動、配銷通路、訂價策略、服務等作市場之區隔，以滿足消費者的需求。」卡特拉及赫斯（Cateora & Hess）教授對國際行銷的定義最簡單易於明瞭，他指出：「國際行銷是進行各種企業活動，將企業的各種產品或服務，引導到多個國家的顧客或使用者。簡言之，就是執行一個或多個跨國界的行銷活動，便是說在許多國家執行所有的行銷功能。」

二、國際市場的環境分析

理論上從事國際行銷策略規劃者，首先應分析國際市場之各項情境變數，分析時應涵蓋所有可能影響公司成功的變數，一般主要的變數包括：

1. 人口統計變數：整體或個別市場之人口數、年齡結構、教育程度及所得水準等。
2. 經濟變數：國民所得、經濟成長率與通貨膨脹率、國際貿易額及成長率等。
3. 政治環境：國家主義、與當地政府的關係、政治穩定性、政府控制的多寡等。
4. 法律環境：專利權、商標、智慧財產權、公平交易法、勞工任用、稅法、獎勵投資等法令規範。
5. 社會文化變數：社會變遷、文化發展情況、健康福利及環保意識等。
6. 地理環境：地理位置、氣候、土壤和自然資源等。
7. 技術環境：研發、生產、國際行銷和管理的技術等。

8. 競爭環境：獨占、寡占或完全競爭的情形等。

三、國際產品生命週期（International Product Life Cycle）

　　國際產品生命週期（IPLC）是指創新產品進入國際市場的擴展過程，在此週期中，產品最先是滿足一個已開發國家消費者的需求，接著在技術上追求突破，並將產品銷往國外。然而，市場優勢並不能維持多久，其他國家亦會很快地將生產投入此有利潤的產品，沒多久，成本因素使得比較利益會從已開發國家轉移到開發中國家。Sak Onkvisit（1983）等學者將國際產品生命週期各階段及其特質歸納如下表。茲分述如下：

　　1. 第零階段──當地創新

　　以國際宏觀而言，時點為零，即指此時尚未發生進出口貿易的行為，產品僅在原創新國販售。由於高度開發國家的消費者相對其他國家較富裕，需求慾望也多，技術也較進步，要求也苛；因此，創新也多發生於高度開發國家。任何產品導入市場的第一步，都是想能在這樣的市場先馳得點，進而囊括一大部分的佔有率，並賺取較大利潤，然後才考慮進入國際市場。

　　2. 第一階段──海外創新

　　產品在創新國家的市場發展完成，且已達供需平衡後，公司會考慮進入海外市場，以提高銷售量和利潤，故該階段為國際市場產品的「導入階段」。一旦有海外市場的支持，即可產生規模經濟，使總生產成本降低，同時創新公司可以從事製程的改善，以領先其他的競爭者。由於創新公司擁有技術上領先的優勢，故其導入海外市場的產品價格並不需太低，反而是花在廣告、宣傳教育消費者的行銷費用會較高。

　　3. 第二階段──成熟期

　　產品進入成熟期後，先進國家的需求快速成長，會促使創新公司在當地持續擴大設廠。另一方面，發展中國家開始對產品產生需求；因此，創新國家可藉由出口發展中國家來擴大銷售。

　　4. 第三階段──世界性模仿

　　此時創新公司開始進入艱困期，由於全球模仿者的出現，且可能提供更低的價格，迫使創新公司的銷售降低，規模經濟優勢的減少使成本提高，產品傳播的愈廣，模仿也隨影而至。

5. 第四階段——逆轉

　　創新國家的優勢至此盡失,逆轉成劣勢。由於低度開發國的人工成本低,模仿者可以建立充足的生產設備以滿足國內需求,且在享有規模經濟後更進一步將產品反銷至先進國家,有可能原創新國家也在內。

表7-1
國際產品生命週期
五個階段的特質
(產品創新國)

階段	1.輸出/輸入	2.目標市場	3.競爭者	4.生產成本
0:當地創新	無	創新國家	少:當地公司	早期高
1:海外創新	增加輸出	創新國家及其他先進國家	少:當地公司	較低
2:成熟期	穩定輸出	先進和低度開發國家	先進國家公司	穩定
3:世界性模仿	輸出下降	低度開發國家	先進國家公司	上升
4:逆轉	輸入增加	創新國家	先進和低度開發	上升

資料來源:Sak Onkvisit and John. Shaw, "An Examination of the International Product Life Cycle and Its Applications within Marketing", Columbia Journal of World Business, 18 (Fall 1983), p.74.

第2節　全球行銷策略四階段與海外市場調查

一、全球行銷策略規劃四步驟

　　跨國企業走向全球行銷活動,其全球行銷策略規劃,大致可以區分為四個階段,如圖7-1。包括先制定公司的全球行銷「使命」(mission)的目標,然後再對全球市場,依據國家變數與市場變數的不同,而區隔出來,本公司所優先計畫行銷的地區別與國家別。接下來,則對本公司在全球行銷的市場定位(market positioning)加以明確界定。最後,則是針對全球目標市場,展開行銷組合行動,拓展市場。

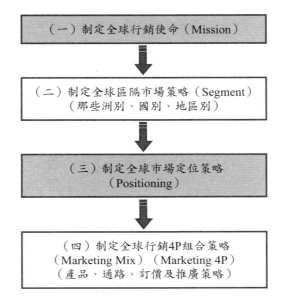

圖7-1
全球行銷策略規劃
四步驟

二、國際行銷競爭策略類型

學者Leontiades（1986）提及四種國際行銷競爭策略，如下圖所示。

1. **全球高市場佔有率策略**（global high share strategies）：此即指在全球各主要地區市場，均必須取得高度市場佔有率之目標。例如微軟公司的作業軟體、P&G日用品、麥當勞，可口可樂、7-11、Wal-Mart、IBM、Dell等在全球各國均取得高佔有率為目標策略。但此策略必須有相當的跨國資源、經驗、品牌、財力，才可以達成。此策略均為超大型跨國企業集團的首要追求目標。

2. **全球利基策略**（global niche strategies）：此即指在全球特定利基市場與利基產品下，尋求行銷作業。雖全球化，但也只是鎖定在特定有利的利基範圍內，尋求發展。

圖7-2
國際行銷競爭策略
四類型

資料來源：Leontiades，1986

3. 當地國高市場佔有率策略（national high share strategies）：此即指某些當地尋求高佔有率，但並不是全球化範圍的。因為，該企業的資源及競爭優勢，僅適合在該當地國的競爭地位。例如像日本第一大的電通廣告公司在日本為第一大廣告公司，但它卻不像美國的奧美、智威湯遜、麥肯等廣告公司，在全球大部分國家均有領先廣告業務。

4. 當地國利基市場策略（national niche strategies）：此即指在當地國的某種利基市場及利基產品，尋求發展；適合於較小的企業。

三、國際行銷組合策略類型

學者Toyne及Walters（1993）提出國際行銷組合策略（marketing mix strategy），如圖7-3所示，圖7-3係依「產品策略」與「市場區隔策略」二種構面加以分類。

茲分述如下：

1. 理想全球化行銷策略（ideal global marketing strategy）：此係指在全球不同的區隔市場，均採用標準化的全球產品及一致性行銷活動。例如日本EPSON列表機、日本RICOH影印機、美國波音飛機、美國Dell電腦公司等均是。

2. 理想當地化行銷策略（ideal national marketing strategy）：此係指因應每個當地國的不同需求，而提供適合當地化的產品及行銷活動，即完全本土化。例如瑞士雀巢Nestle公司在世界各國均有當地化的乳品、飲料、咖啡等產品。

圖7-3
國際行銷組合策略
四類型

全球產品（產品策略）當地產品	（三）產品全球化，但行銷活動當地化	（一）理想的全球化行銷策略
	（二）理想的當地化行銷策略	（四）產品當地化，但行銷活動全球化

當地市場區隔（市場區隔策略）全球市場區隔

資料來源：Tore & Walters，1993

3. 產品全球化，但行銷活動當地化：係指產品具全球標準化，但行銷推廣活動必須因地制宜。例如日本TOYOTA汽車的LEXUS品牌車，全

球是接近一致標準的，但是在台灣、日本與美國的行銷與廣告活動就不太一樣。再如可口可樂、柯達相片等均是。

4. **產品當地化，但行銷活動全球化**：係指產品必須因地制宜，但行銷推廣活動卻全球標準化。

四、海外市場調查

　　海外市場評估及調查，是台商西進中國大陸，以及跨國企業進入海外市場的第一步驟，也是成功的基礎。海外市場調查能夠做得愈正確、愈詳細，就愈能掌握進入海外市場成功的機率。

1. 為何要做市場調查

　　資訊情報不足是國際行銷的致命傷，而熟悉市場是國際行銷成功之鑰。當跨國企業無法掌握正確的市場情報，就不可能制定有效的行銷組合策略及其計畫，那就更別論要獲取高市場佔有率。

2. 市場調查進行區分

(1)自己搜集資訊情報；

(2)委託專業市調公司（如A.C尼爾森公司）專案執行；

(3)兩種同時並行。

3. 調查資料分類

(1)原始資料（**primary data**）：市場調查所獲資料（透過面訪、電話、問卷調查及焦點團體座談等）。

(2)次級資料（**secondary dats**）：非由自身取得原始資料，而係由其他已呈現出來的資料來源管道取得，包括下列：

①報紙；

②雜誌；

③期刊；

④報告；

⑤書籍；

⑥公司年報；

⑦公司網站、專業網站；

⑧政府出版品；

⑨公、協會出版品；

⑩銀行、投信、投顧、基金等機構出版品。

4. 市場調查方法

(1)問卷調查

①電話訪問；

②郵寄方式；

(2)深度訪談（焦點團體座談及個人深入訪談）

(3)實地觀察法

(4)面對面訪談

5. 市場調查對象

(1)消費品調查對象

①消費者；

②經銷商、批發商、零售商、進口商、代理商；

③競爭對手。

(2)工業品調查對象

①最終使用者；

②中間商（代理商、經銷商）；

③競爭對手；

④進口商。

第3節　國際行銷4P組合

一、國際行銷4P組合

國際行銷策略與計劃的操作，通常以4個P的行銷組合加以呈現，包括：

(1)國際產品策略（Global Product）：如產品組合、產品源、品牌、包裝、內容、品質水準、設計、功能、特色……等之規劃與行動。

(2)國際訂價策略（Global Price）：如訂高價、中價、低價；一致標準價或差異價等。

(3)國際通路策略（Global Place）：如通路階層、通路長短、通路結構、通路利潤、通路獎勵，通路管理等。

(4)國際銷售推廣（Global Promotion）：如廣告、促銷、公關、報導、人員銷售組織、公益行銷、代言人行銷、置入行銷、旗艦店行銷及網路行銷等。

如下圖示：

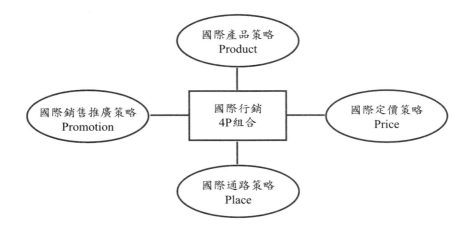

二、全球品牌（Global Brand）

品牌全球化對跨國企業經營，自然是很重要的基礎。

目前已有很多具有全球品牌的知名度，包括：IBM、Coca-Cola、Sony、BENZ、BMW、Kodak、TOYOTA、NISSAN、Disney、Nestle、McDonald's、Rolls-Royce、Panasonic、Ford、P&G、Kelloggs、Levis、SEVEN-11、GE、Dell、HP、NOKIA、MOTOROLA、LG（樂金）、SAMSUNG（三星）、HUNDAI（韓國現代汽車）、Acer（台灣宏碁）、ASUS、HTC、BenQ（台灣）、日本花王、瑪吉斯（台灣正新輪胎）、GIANT（台灣捷安特自行車），以及L.V、Prada、Channel、Fendi、Cartier、Gucci等品牌精品。

（一）全球品牌的利益

全球品牌具有下列四點重要利益：

1. 容易進入新市場，因具有高知名度，容易宣傳。

2. 高忠誠度→再購率高。

3. 維持市佔率，具全球規模經濟，以降低成本。

4. 品牌代表消費者對商品品質的信賴，此為行銷之根本利基所在。

根據很多的實務研究顯示，要決定全球性、區域性或當地國之不同品牌決策，涉及相當複雜的不同狀況及不同因素。而事實上，很多大型企業，特別是消費品跨國企業，除了全球單一品牌外，也經常運用地區性及地方性個別品牌，以適應各地行銷的實際需求。例如瑞士雀巢公司即為一例。

（二）全球、地區、地方品牌「共同並存」

學者Kotabe及Helsen（1998）的研究顯示，事實上跨國公司有其不同的全球性（global）、區域性（regional）及地方性（local）的組合品牌策略，而不是單一選擇的。例如瑞士雀巢公司（Nestle）即有不同組合的品牌出現：

1. 擁有10個全球性公司品牌，包括Nestle、Carnation、perrier等。

2. 擁有45個全球性策略品牌，包括Kit Kat、polo等。

3. 擁有140個區域性策略品牌，包括Macintosh、Vittel等。

4. 擁有7,500個地方性品牌，包括Texicana、Rocky等。

（三）全球七大超級消費品牌（2000年）

根擬A.C尼爾森統計資料顯示，全球年營收額超過30億美元的全球品牌商品，包括：可口可樂、萬寶路（香煙）、百事可樂、百威啤酒、金寶湯、家樂氏及幫寶適等七個品牌商品。而超過10億美元的則高達43個品牌。

（四）全球前100大品牌排行榜（2010年）

根據美國《商業週刊》（2010）所調查獲致的「全球品牌價值」最高的前100名，之前8名如下表所示：

表7-2

2010年全球最有價值100個品牌（前8大）

排名	品牌	價值（十億美元）	國家
1	Coca Cola可口可樂	69.637	美國
2	Microsoft微軟	64.091	美國
3	IBM國際商用機器公司	51.188	美國
4	GE奇異電機	41.311	美國
5	Intel英特爾	30.861	美國
6	Nokia諾基亞手機	29.970	芬蘭
7	Disney迪士尼娛樂	29.256	美國
8	McDonalds麥當勞速食	26.375	美國

資料來源：Business Week, 2009

（五）全球品牌決策

學者Onkvisit及Shaw（1983），提出跨國企業在決定全球品牌策略時，應考量下三項問題：

1. 是採用全球化品牌或當地化品牌（local brand）政策？

2. 是採用單一品牌（single）或多元品牌（multiple）？

3. 是採用製造商品牌或自有品牌（national or private brand）？

這些問題必須視跨國公司不同的資源條件、公司政策與當地行銷環境的企業內部與外部諸多條件之不同，而加以審慎分析的評估，再做決定。而事實上，也沒有一套固定的模式。

三、全球產品（Global Product）

（一）全球產品在地化的因素

全球行銷「產品」為何不能全球一致而須調適（調整改變）？主要須考量下列因素的差異：

1. 各國人民生理條件不同（西方人高、東方人矮、西方人胖、東方人瘦）；

2. 氣候不同；

3. 交通設施不同；

4. 文化、風俗、偏好、價格觀不同；

5. 法律規定不同；

6. 市場競爭程度不同；

7. 國民所得水準／消費能力水準不同。

（二）全球產品一致性高的品項

全球產品一致性的程度，是比較高的，例如飛機、影印機、電腦、造船、家電、相紙、可樂、手機、數位相機、汽車、電信等均具有較高程度的全球標準化。

（三）全球產品策略決策思考點

對於國際行銷「全球產品策略決策」（product strategy），應考慮下列問題：

1. 產品範圍決策。包括產品之種類、型式、數量、深度、廣度等。

2. 是否必須開發新產品，包括R&D的功能及設置。

3. 全球化產品的擴散速度及被接納的速度。

4. 考慮在不同的國家市場，是否有不同的國際產品生命週期。例如，在低所得國家，是否合適設立大汽車廠及行銷高價轎車。

5. 有關產品究竟應全球標準化或當地差異化問題的研究評估。

6. 有關包裝、品牌、售後服務、金融搭配及相關製造成本及行銷成本問題。

（四）影響產品適應當地化的因素

影響產品適應各國外當地市場條件的因素，可以總結如Yorio（1983）如下表所提出的各項複雜因素。

大多數的產品進入國際市場時，多少都必須做某些小修改或較大修改，例如翻譯手冊、包裝方式、加貼標籤、產品成份、產品使用說明，產品內容、甚至商標或品牌。另外，也有在當地國自行開發的新產品或新品牌在當地新上市的。

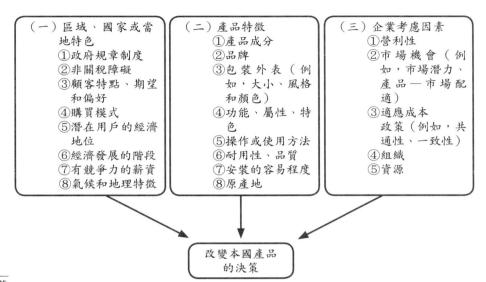

圖7-4

影響產品適應決策
的因素

資料來源：Adapted from V. Yorio, *Adapting Products for Export* (New York: The
Conference Board, 1983), 7.

四、全球訂價影響因素（Global Pricing）

（一）Toyne及Walter學者：

　　學者Toyne及Walter（1993）提出對跨國訂價的三類影響因素，由於
這三類影響因素的不同，而有不同的國家別訂價。

1. 公司因素（company specific factors）：公司研發成本、行銷推廣成
   本、通路成本、製造成本、人力成本等。

2. 市場因素（market specific factors）：競爭環境、政府法令、市場結
   構、匯率變化、消費者行為等。

3. 產品因素（product specific factors）：產品處在國際產品生命週期的
   那一階段。

（二）Becker學者：

　　另外，學者Becker（1980）也指出四項因素影響全球訂價：

1. 成本結構；

2. 需求與市場因素；

3. 市場結構與競爭；

4. 環境限制。

（三）Walter學者：

學者Walter（1993）提出全球訂價有二類，一是「全球一致價」（standard world pricing），二是「各地差異價」（market differential pricing）。但他認為採用後者，比較常見，理由是：

1. 各國市場環境差異很大。

2. 訂價政策應以達成當地市場目標為考量，因此必須因地制宜才對。

3. 訂價全球標準的利益，僅是理想，不易全球貫徹，除了少數工業產品以外，例如波音飛機或營建重機械或造船業。但對消費品而言，例如汽車、洗髮精、漢堡、可樂、食品、保養品、服飾、家電、配件……等，均不易有單一的全球標準價格。

五、訂價政策的四大類

因為政府干預，貨幣的差異、以及附加成本等因素，因此，國際市場訂價比國內市場訂價要複雜的多。國際訂價可以區分為四大類

（一）出口訂價

出口訂價又可區分為二種，分別是：

1. 全球標準化訂價（standard worldwide pricing）：此係指涵蓋所有的成本，然後就一個全球一致性的價格，以確保一致性的利潤。而且全球出口價格與國內價格一樣。

2. 雙重訂價（dual pricing）：此係指國內價格與出口價格是不同的；這裡有兩種方法，一是成本加成法（cost-plus method）；二是邊際成本法（marginal cost method）。

3. 市場差異化訂價（market differential pricing）：此方法是出口價格考慮到競爭因素，而且缺乏價格資訊。

　　出口訂價必須注意到「傾銷」（dumping）的低價進口品問題，此即出口商以低於國內的價格而賣到海外各國去。當為掠奪性傾銷時，海外當地國可以請求政府裁定為傾銷而課徵進口反傾銷稅。

（二）國外市場訂價

　　第二種國際訂價即為國外市場訂價。廠商經營所在的各個海外市場的訂價決定於下列因素：

1. 企業政策與目標；
2. 當地的成本；
3. 顧客的行為及市場條件；
4. 市場結構的狀況；
5. 環境限制的不同。

　　上述這些因素因國家而異，跨國公司訂價的政策也因而不同，例如P&G的潘婷洗髮精，其定價在美國、在中國、台灣、日本、韓國、香港、泰國、越南等地也必然有所不同。

　　根據美國42個跨國企業的研究中，廠商訂價決策主要面臨的問題，包括了：

1. 競爭的狀況；
2. 當地的成本；
3. 缺乏競爭資訊；
4. 配銷問題；
5. 通路因素；
6. 政府相關的障礙。

　　因此，跨國公司在不同國家的不同「差別訂價」（price discrimination），也是必然的結果及特點、換言之，各海外當地國對訂價權是有相當的自由度。

（三）價格協調

由於環境的影響，全球一致標準訂價可能只是一個理論或理想，因此大部份時候，不免進行價格協調，當然，此協調是立足在全球標準訂價的框架上。例如像歐洲單一貨幣（歐元），就會發生跨國採購標準價格的困境，而必須略微調整，此考量到每個歐元國家的特性及需求，此乃彈性所必須。另外，有時候也會面臨一些「平行進口」的較低價格攻擊，此時，價格協調似乎也是必要的。

（四）移轉訂價

移轉訂價或按公司內部計價，均是向公司集團內部成員銷售時的訂價，而且企業整體的競爭與財務地位形成了移轉訂價的基礎。過去常見的四種移轉訂價方法為：

1. 按照直接成本移轉；
2. 在直接成本上附加額外的費用進行移轉；
3. 參照最終產品的市場價格移轉；
4. 以正常價格移轉。

移轉訂價發生的原因，主要是因為稅收問題在課高稅率的因素，進口通常用高移轉價格，而出口則用低移轉價格出口，以降低稅賦。然而，多少守法的跨國企業仍然遵循正常交易價格為原則。

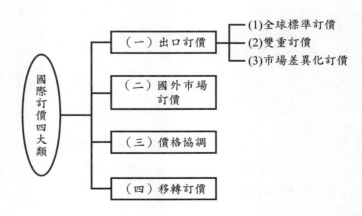

圖7-5
國際訂價的四大類

六、全球銷售推廣政策（Global Promotion）

國際企業在海外展開行銷活動，除了產品、訂價、通路問題之外，還要考慮到銷售推廣（promotion）的具體計劃。推廣政策或推廣計劃，主要包括：

（一）廣告活動（advertising）

跨國企業經常在海外各當地國展開各式各樣的廣告活動，包括電視、報紙、雜誌、廣播、戶外、及網路等六大媒體的廣告活動。例如，以台灣為例，我們經常在電視媒體及平面媒體看到這些全球企業的大量廣告投放。例如Sony、Coca-cola、Panasonic、TOYOTA、Citibank、日立、Nokia、三星、LG、3M、家樂福、Intel、P&G、花王、Unilever、Nestle、微軟……等。這些廣告活動，大致都透過全球媒體購買公司來處理，例如：凱絡、傳立、媒體庫、日立德……等國外知名的媒體公司來服務。

在亞洲及美國地區，電視廣告的佔比仍是最高的，雖然比例有些微下降，但總體來說，電視廣告對全球品牌的效益仍是最強的，包括美國、中國、台灣、日本、韓國等國均是如此。而電視廣告的費用也是最貴。網路廣告近幾年來在全球則有崛起增加的趨勢，特別在關鍵字搜尋廣告方面。

（二）促銷活動（Sales promotion）

促銷活動則是普遍在全球市場看得到，尤其在不景氣的年代，各式各樣的促銷活動已成為集客及提振銷售的最佳工具。不管是大品牌或是小品牌，幾乎很少不做促銷活動的。包括各種週年慶、年中慶、節日慶、活動慶等都會有促銷活動，目前，全球較熱門的促銷活動包括：

1. 折扣活動（打折）
2. 紅利集點回饋現金折抵
3. 買千送百活動
4. 無息分期付款活動
5. 抽獎活動
6. 贈獎活動

7. 刮刮樂

8. 包裝附贈品活動

9. 折價券活動

10. 其他活動

（三）公關活動（public relations）

　　全球化公司在各當地國通常都會找一家當地的公關公司做為配合公司，這些公關公司負責了危機管理、記者會、新產品發表會、政府公關、媒體公關、大型活動、公益活動、企業形象塑造、品牌打造……等各項公關行動與計劃。尤其外來全球性公司要在當地國營運賺錢，更必須建立與當地政府、社區、媒體、消費者、消保團體及民意代表的高度互動及優良人脈關係。這些跨國大企業有的是簽年度合約找一家公關公司合作，有些則是機動性的找多家公關公司分別負責不同的專案活動。

（四）人員銷售（personal sales）

　　很多跨國企業的產品並非日常消費品，只須做好廣告與品牌行銷活動而已，而是需要更多的人員銷售投入。例如精品店、化粧品專櫃、汽車經銷店、壽險公司人員、重工業設備、辦公資訊設備等，均須要訓練良好的人員負起銷售責任。同時，海外跨國企業在當地子公司均有一套產品介紹及教育訓練內容，以培養出優良的銷售團隊。

七、全球促銷影響因素（Global Promotion）

　　根據學者諸多研究顯示，影響全球推廣促銷標準化或當地差異化的因素，主要有下列幾點：

1. 語言差異；

2. 文化差異；

3. 社會差異；

4. 經濟差異；

5. 競爭差異；

6. 媒體結構差異；

7. 法令差異；

8. 消費者差異。

由於全球各國市場在上述八項差異很大，因此不易出現全球促銷一致性，而是因地制宜。因此，同樣是TOYOTA的Camry轎車，或是麥當勞的漢堡，或是P&G的SK-II保養品，或是聯合利華的多芬（Dove）洗髮精等，在各國的促銷及廣告化，都有所一些差異化。

八、國際行銷的公共事務（Global PR）

跨國企業在海外當地國展開營運活動，必須特別注意到與當地政府及民間機構的公共事務及人際關係的經營，才不會形成阻力。

1. 公共事務對象

一般來說，國際公關的主要對象，包括：

(1)當地政府單位（經濟部、財政部、勞委會、公平會……）與官員。

(2)媒體編輯／記者（電視、報紙、雜誌、廣播）。

(3)消費者團體（消基會）。

(4)當地社區。

(5)國會議員（立法委員）。

(6)意見領袖及學者。

2. 活動型式

與上述公共事務對象的公關活動型式，大致包括以下五種：

(1)聯誼餐敘。

(2)贈禮。

(3)推動環保、社教、公益活動以回饋民眾。

(4)加入外商商會（美僑／日僑商會），形成較有力量的建言團體。

(5)在大型媒體刊播廣告（給媒體業務）。

3. 公共事務的效益

國際公關執行良好時，誰會帶來下列效益：

(1)避免媒體攻擊你，大作文章（有壞事時），有好事時，則可宣揚。

(2)避免民眾對外人抗拒與敵視。

(3)瞭解政府政策發展並發揮影響力，以制訂有利於他們的政策及法律。

(4)有助優良的企業形象建立。

九、國際行銷的產品／推廣組合四種方式

國際行銷活動，如果從「產品」與「推廣組合」兩個角度來評估，可以區分為五種不同的組合模式，亦即，必須思考到進入每一個不同國家市場，在產品與推廣

組合兩種構面決策上，是否應該改變或不變。包括：

1. 產品延伸（不變），推廣也延伸（不變）。例如：飛機、電腦、影印機、攝影機。

2. 產品延伸，但推廣改變適應。例如：自行車，歐洲人買自行車為了休閒活動，但中國大陸人買自行車則為了上班上學的交通工具。再如在2001年時，日本TOYOTA汽車公司在亞洲六個國家同時推出「ALTIS」新款車。即產品完全相同，推廣方式則有改變。

3. 產品適應，推廣延伸。

4. 產品適應，推廣適應，例如台灣的麥當勞產品與美國麥當勞產品不太一樣，廣告推廣也不一樣。

5. 全新的產品創新。

圖7-6
行銷組合與產品策略四種國際行銷方式

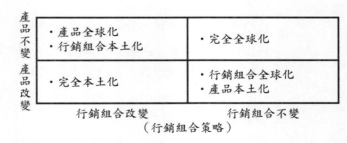

資料來源：本作者整理

十、全球行銷「標準化」問題

跨國企業在全球進行行銷4P（Product, Price, Place及Promotion；即產品、訂價、通路及推廣促銷與廣宣等）活動時，將面臨是否「標準化」的問題，茲列示一般而言標準化較高及較低的項目如下：

1. 標準化較高的行銷項目

(1)品牌名稱一致性高（全球性品牌），這是最高的標準化項目。

(2)包裝（package）（柯達、Coca-Cola、Marboro、LEXUS汽車、Kellogs、百威啤酒等）。

(3)促銷方式（打折／抽、贈獎）。

2. 標準化較低項目

(1)零售價格因國民所得不同而差異大（日本可口可樂￥200、台幣NT20、人民幣4元）。

(2)媒體配置差異大（大陸／台灣以電視為主力；歐洲是報紙；美國也是電視為主）。

(3)零售據點型態不同（美歐是大型量販中心；台灣是便利商店、超市）。

(4)電視廣告CF不同（因地制宜）。

十一、通路設計的十一個因素（Global Channel）

跨國企業在各當地的通路設計，主要考慮到通路的長度及寬度；但總結可用十一個C表示。

1. 顧客（Customer）：顧客需要什麼，如何買，在那裡買、何時買、以及買的便利、買的便宜，這都必須考慮到顧客的需求。

2. 文化（culture）：每個國家的配銷文化都不太相同，如日本配銷通路文化是較長且複雜的，明顯有別於其他國家。

3. 競爭（competition）：有時候因競爭，而使某些通路被壟斷，公司無法利用此通路，也是常見的。

4. 企業目標（company）：企業目標最好與通路設計相一致避免衝突。例如我們強調是高品價、高價位的企業目標定位，則通路設計就不能

是太低層次的。

5. **產品性質（character）**：產品性質對通路設計也有影響，例如一般大眾日用消費品通路會長一些；但工業用品則就短一些。

6. **資本（capital）**：跨國企業的資金實力愈強，企業就擁有自己的或可控制的通路；例如汽車經銷商如果是我們可以入股而控制的，他們就比較會全力銷售本公司汽車產品。

7. **成本（cost）**：配銷通路所投入的成本及其所產生效益二者間，也必須同時做一個評估及衡量。

8. **涵蓋範圍（coverage）**：規劃通路時，須評估時水平與垂直通路之覆蓋範圍及數量是否足夠，涵蓋太小則業績目標可能達不到。

9. **控制（control）**：對通路商是否有某種程度的控制權或影響權，如果一點都沒有，那這種通路關係是很脆弱的，隨時會斷掉或遭通路商予取予求。

10. **持續性（continuity）**：如能培養長期性與持續性的配銷關係，則對企業是比較有利的。

11. **溝通（Communication）**：企業與重要通路業者彼此間是否建立良性、友好的互動溝通關係及人脈存摺，這對行銷的過程，也是一個重要點。

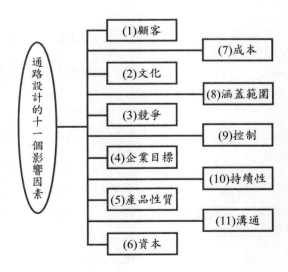

圖7-7

通路設計的影響因素

第4節　拓展海外市場

一、海外代理銷售

台商赴全球市場拓展市場，不可能任何據點都自己派人去經營，必須透過海外各地有實力的代理商或經銷商，協助開拓市場。

（一）尋找海外優秀的經銷商（代理商）的來源

以下為六種廠商如何尋找海外優秀代理商（或經銷商）的主要來源方式：

1. 本國政府貿易推展單位的協助（台灣貿協、日本JETRO、美國商務部等所出版的各種刊物、光碟、電腦列印等資料）。
2. 私人機構的資料來源（EX：Dun&Bradstreet、Kelly's Directory等公司）。
3. 登廣告招募經銷商（包括國外當地國知名的專業性雜誌、報紙等）。
4. 參加國際性商展（很多國際大客戶都會去看展）。
5. 上網查詢及主動聯絡。
6. 上、中、下游廠商朋友的推薦介紹。

（二）選擇經銷商的條件

選擇海外代理經銷商的條件，大致可以含括八種層面因素，來做綜合考量及評估：

1. 財務狀況與公司規模；
2. 聲譽與信用；
3. 銷售經驗；
4. 行銷業務拓展能力（通路、推廣、售後服務）；
5. 設備與倉儲；
6. 技術服務能力；
7. 良好的政商關係；
8. 整體的態度意願。

（三）四種代理方式

1. 獨家代理權（exclusive或sole agent）

乃指廠商授予代理商在某一市場（可能是以地區、產品線、使用者特性區分）的獨家銷售權利，是一般代理商最極力爭取的權利。但相對的，獨家代表商必須承受業績的壓力（最低基本銷售量）。當廠商的產品線很多時，也會出現按產品別，而授予多家的獨家代理商。

2. 複式代理商（multiple agent）

乃指廠商同時授予二個以上的代理商，均可銷售該公司的產品。複式代理商的缺點在於可能會造成代理商之間的惡性競爭。

3. 獨家與複式代理權的評估因素

(1)視代理商的市場行銷與財力能力；

(2)市場規模與潛力的大小；

(3)先複式後獨家的行銷考慮。

4. 不同產品的多家代理商

產品源或品牌系列的多寡狀況，會影響多家代理。當產品源很多時，就有可能授權給不同的代理商負責，例如美國的GM汽車公司GE奇異公司等產品源非常多，就會考量在同一市場，授予不同代理商不同之產品。

（四）代理商策略的優點

採用海外代理商方式，具有下列優點：

1. 較易迅速拓銷市場，因借助國外代理商在當地的銷售通路、人力及推廣資源。

2. 可做為市場試銷的銷售過程。

3. 若與自設行銷據點（分公司及公司）來比較，配銷成本可能較低，因此，利用國外代理商進入市場，是一種仍然存在的行銷通路。

（五）台灣外銷企業為何仍常利用國外代理商

台商常因下列因素，必須仰賴國外代理商協助推廣市場：

1. 廠商無足夠的人力與資金投入，從事在多個國家的直接行銷工作。

2. 廠商的產品線範圍太窄無法獲致足夠的銷售量及利潤。

3. 顧客眾多且分散各地：例：美國市場就很大，從東岸紐約、波士頓、華盛頓、費城，到北邊的芝加哥，到西岸的洛杉磯，以及南方的達拉斯、休士頓等。

4. 缺乏在各不同國家的行銷及管理經驗。例如歐洲就有十多種不同語言及市場特性。

（六）自設行銷據點的優點

國際大廠較易在海外各國自設行銷據點並進行銷售工作，其優點包括：

1. 市場知名度較易建立（投入推廣、促銷、廣告宣傳活動）。

2. 便於進行市場情報搜集與研究。

3. 便於加強服務顧客，滿足客戶需求。

4. 在訂價策略上，較具有彈性。

5. 較能自行掌握銷售預算目標，而不必仰賴別人。

6. 這是在沒有找到合適代理商下的必然作法。

7. 一旦行銷成功，獲利將較為豐厚。

（七）與經銷商（代理商）簽訂合約的內容項目

與國外代理商或總經銷商簽訂合約時，應注意包括下列各項目權利與義務之明訂：

1. 合約期限；

2. 經銷範圍（地區）的確定；

3. 經銷是否獨家（exclusive）的確定：(1)獨家經銷權；(2)雙重經銷權。

4. 經銷產品及產品線的確定；

5. 付款方式與條件；

6. 是否給予推廣費用的補助；

7. 技術售後服務的確定；

8. 智慧財產權的保障；

9. 仲裁條款；

10. 終止契約及處罰條款；

11. 每年代理業績目標訂定。

（八）如何維持與經銷商（代理商）的良好關係

跨國公司必須與全球海外代理商秉持下列原則，才能與他們維持良好且長期關係：

1. 容許文化及地理鴻溝存在的空間。
2. 保持彈性並眼光放遠。
3. 做好協助與支援：因為經銷商的成功，母公司才會成功進入市場。
4. 訂定詳細且周全的法律合約文件，避免灰色空間太多或爭執。

（九）廠商與代理商的交易類型

廠商與代理商間的計酬方式，可以「買斷方式」或「固定比例佣金」計酬，故有二種：採佣金制或買斷制。

1. **佣金代理商**：廠商於報價時，即計入代理商之佣金，例如在報價上註明FOB或CIT，再加上佣金。當廠商收到國外顧客的貨款後，即再匯佣金給代理商。

   佣金代理商是在廠商授權之下，以廠商名義與當地顧客簽訂買賣合約，再通知廠商直接出貨給顧客，並向客戶收款，成交後，再向國外廠商收取佣金。

2. **備有存貨之買斷代理商**：消費性產品的代理商大多採此種方式交易，例如國內許多進口商向國外名牌服飾或化妝品公司爭取台灣地區代理權，均為此種代理關係。

   此種代理商與原廠之間是一種「買斷」買賣關係。代理商為產品的銷售價格有完全自主權，由於是先進貨再銷售，不能退貨，故經營壓力較大。

3. **寄售方式**：先以寄售方式，出售後再結帳匯款。此種狀況比較少見。

二、台商拓展國際市場較有效的方法

茲列舉實務上台商拓展國際市場較常用的方法，包括：

1. 參加國外著名展覽會（美國、日本、德國、大陸），以直接接觸客戶群。

2. 爭取國際大廠的OEM訂單（原廠委託製造，original equipment manufacture）。

3. 在國外設立銷售子公司（獨資或合資）。

4. 在國外設立製造廠，以就近快速供應產品，此為全球式運籌管理模式（global logistic model）。

5. 建立國際性品牌（台商較不易，美國、日本、歐洲大公司做得較成功）。

6. 以適合當地化的行銷推展手法（4P）推展市場（price, promotion, product, place）。

7. 以誠信（信譽）／實力／回饋爭取當地消費者的認同。

(1)實力：品質佳、價格合理。

(2)回饋爭取當地消費者的認同：公益活動的參與。

三、台商拓展海外市場國際行銷通路

如果從國內廠商角度來看，台灣廠商對全球銷售通路的規劃，大概可以區分為直接銷售及間接銷售兩種路徑。如下圖所示：

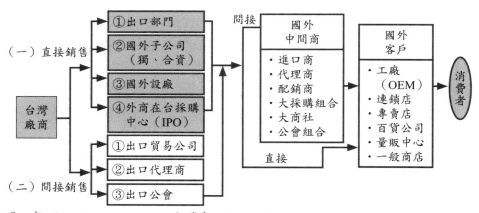

進口商：importer　　　　　　批發商：wholesaler
代理商：agent　　　　　　　零售商：retailer
配銷商：distributor
資料來源：本作者研究整理

圖7-8

國際行銷通路

四、優秀國際行銷經理人應具備之條件

在全球行銷日益盛行之際,一位卓越優秀的國際行銷經理人,縱橫全球市場,經略全球業務,其應具備之條件,大致包括下列六點:

1. 外語流利(英語、日語、德語、西語第二種外語)。
2. 熟悉產品、產品專業性高。
3. 熟悉國外當地市場(各品牌產品的價格、性能、品質、服務之比較)與競爭品牌之比較。
4. 具有談判、溝通的技巧(談價格、談合約、談訂單)。
5. 個人特質:讓客戶感受到誠懇、專業、誠信與值得信賴。
6. 適宜適時適當的交際應酬/回扣,以滿足經理人個人的需求。

五、網路行銷(Internet Marketing)

由於網際網路快速發展,全球上網人口及家庭上網戶數也快速增長,估計至2011年止,全球上網總人口已超過10億人。再加上寬頻網路的技術突破,很多動畫、影像、語音、圖片等多媒體型態均可以在寬頻網路上呈現,因此,從傳統店面行銷、平面媒體行銷、電視行銷到最新的網路媒體行銷,已成為21世紀的新行銷媒體,亦是具有全球及時性的行銷媒體。特別是在電腦鍵盤上的彈指之間,就可以進行很多跨國行銷活動,包括宣傳產品、購買產品、提供訊息或技術服務等。在網路上對全球銷售商品具有以下優點:

(一)優點

1. 無遠弗屆(購物無國界),不必親自跑到海外去買,省掉旅費,加快速度。
2. 24小時全年無休,白天、晚上均可進行查詢及訂購。
3. 可充份在網路上進行仔細的對照比較,然後再下訂購決策。
4. 滿足若干購物隱私性、個人性的需求。
5. 廠商可透過e-mail發送電子報,告知訊息給全球網友知悉廠商的行銷活動。

（二）缺點

不過，全球網路行銷仍須克服下列缺點：

1. 跨國運費仍頗昂貴（空運及快遞尤貴）。
2. 消費者不能及時拿到商品享用，而須等到一週到三週時間（國際運送時間）。
3. 消費者怕信用卡資料被盜用。
4. 公司網站的信譽是否讓人信賴。

第5節　案例

〈案例7-1〉

美國可口可樂成功拓展俄羅斯市場

(1) 可口可樂執行長肯特（Muhtar Kent）談到這波全球金融風暴時顯得氣定神閒，過去幾年他曾數度面臨危機考驗，差別只是規模較小，身經百戰的他說：「非常時期不能坐以待斃，應該破繭而出。」

(2) 可口可樂近期剛推出最新宣傳廣告，並積極擴大拉丁美洲、俄羅斯與中國的市場版圖，希望能鞏固其全球性的飲料帝國。如何駕馭新興市場險惡的經濟情勢，特別是公司寄予厚望的俄羅斯，將嚴重考驗肯特的智慧。

(3) 市場的壓力與一籮筐的棘手問題並未讓肯特打退堂鼓，反而促使他帶領可口可樂火力全開進攻俄羅斯。去年5月至今，該公司已在當地推出至少八款新產品，包括罐裝茶，果汁、柑橘口味的提神飲料，以及用私房配方改良的俄羅斯傳統飲品卡瓦司（kvas）。

(4) 可口可樂也針對俄羅斯量身打造行銷策略。例如，為了刺激在家消費，特別推出1.25與1.5公升的瓶裝可樂，以提高在家用餐民眾的購買慾。該公司同時利用自身完善的配銷系統，替48萬家資金緊絀的經銷商和店家運貨、補貨。

(5) 此外，當多數俄羅斯企業因景氣下滑被迫撙節支出時，可口可樂選擇逆勢操作，維持原先廣告預算，抓住當地廣告費低廉的優勢大肆宣傳。肯特說：「現在電視和廣播頻道清靜多了，我們須把握良機。」

(6) 多年累積的經驗讓肯特培養敏銳的

市場嗅覺。為了迎合俄羅斯消費者多變的口味，他要求團隊開發出多樣品牌與非碳酸飲料，成功擄獲當地人的心，也為公司貢獻逾半數的銷售量。

（資料來源：經濟日報，2011年4月8日）

〈案例7-2〉

統一超商進軍中國上海市場

(1)統一集團總裁、同時也是統一超商（上海）便利公司董事長林蒼生，29日與柒—拾壹（中國）商業公司董事長大塚和夫共同簽署授權合約，由統一超商擊敗泰國正大集團取得上海7-ELEVEN經營授權。林蒼生希望上海7-ELEVEN做出成績，爭取中國其他地區的7-ELEVEN經營授權。

(2)徐重仁向來以低調著稱，昨天他接受媒體採訪時首度訂出上海7-ELEVEN獲利時間表。他說：「台灣7-ELEVEN花了七年才賺錢、北京7-ELEVEN五年賺錢，上海7-ELEVEN要在四年內就賺錢，五年內開出300家店，比上海全家五年開出152家店還高出一倍。」

(3)統一超商在中國零售通路品牌最為成功是上海星巴克。上海星巴克店數比台灣少，但一年獲利卻是台灣星巴克的兩倍以上；未來上海7-ELEVEN將與星巴克共用倉儲及物流系統，兼顧品質及降低成本。統一超商在台發展30年才創造一年營收1,000億元，獲利34億元，上海7-ELEVEN將開啟另一個30年、千億元的事業。

（資料來源：經濟日報，2011年4月30日）

統一超商流通次集團大陸布局

餐飲品牌	位置	店數（家）
①統一優瑪特量販店	四川	4
②山東統一銀座Uni-mart超市	山東	112
③星巴克咖啡Starbucks	台灣	224
	上海、杭州、南京等	167
④MISTER DONUT	台灣	45
	上海	5

餐飲品牌	位置	店數（家）
⑤酷聖石冰淇淋Cold Stone	台灣	13
	上海、北京、廣州、天津、蘇州、深圳	34
⑥統一聖娜多堡	台灣	20
	武漢	21
⑦統一午茶風光Afternoon Tea	台灣	3
	上海	2
⑧統杰超市	北京、青島	7
⑨康是美	台灣	300
	深圳、廣州、珠海	11

資料來源：統一超商

〈案例7-3〉

台商重威國際，自創品牌行銷全球

第十一屆小巨人獎得獎名單中，重威國際是第一家以服務業獲獎的中小企業，不僅讓評審激賞、也讓其他企業佩服，更讓人好奇，在歐美大廠林立且競爭激烈的汽車維修市場，重威不但擁有自有品牌，更行銷全球95個國家，將台灣品牌打響至全世界。

成立於1983年的重威國際，早期專賣千斤頂、油壓工具及砂輪機給外國客戶，從貿易商轉型成為擁有自有品牌「Jonnesway」，銷售專業級和工業級汽車修護工具的通路商。

以專業手工具行銷95國的重威，沒有自己的製造工廠，但擁有自己的研發團隊和供應鏈，產品以符合專業、工業級標準出貨。總經理廖

永源一手創立了Jonnesway品牌，將Jonnesway帶上國際專業工業汽車修護的舞台，為了要打品牌。廖永源一次、二次的登門拜訪那些拒絕他的廠商，一直到人家願意坐下來談為止，這是他最自豪的「熱臉貼冷屁股」哲學。「打Jonnesway品牌，我就是拿我的熱臉去貼老外的冷屁股，把老外的冷屁股貼的跟我的臉一樣的熱，人家就願意接納我們了。」廖永源哈哈大笑。

另外，廖永源也透過不斷地參加各種國際性的展覽，逐漸打開品牌知名度。這幾年來，為了進一步提升「Jonnesway」的品牌層級，重威開始贊助賽車競賽。廖永源認為，贊助頂級賽車可以讓「Jonnesway」在工業、

專業市場中，加速專業、工業級消費者對品牌的肯定，讓客戶在頂級賽事裡看到該品牌的露出，他對品牌徬徨猶疑就會降低。目前重威的目標客戶是專業級的維修和工業級的使用市場，採用運動行銷的策略，不僅可加強對該群消費者曝光，將來要往上層級發展市場，也是另一項助力。

自2005年起，重威積極贊助美國NASCAR、蘇聯LUKOIL、南非越野房車、賽車、拉力、摩托車等賽車活動，有效提升品牌知名度。當然，這些都是要花錢的。

「自創品牌的首要之務就是鎖定目標市場，訂好目標市場，再做品質區隔，產品區隔後，價格就出來了，這就是品牌行銷學」。廖永源說明，手工具的品質可以分為五個等級，由低階到高階分別是DIY市場、維修市場、專業級、工業級和航空市場，越高階的消費者對於品牌忠誠度和品質的要求當然也越高。

目前，「Jonnesway」將品牌層級定在專業級、工業級市場，產品生產完全吻合國際標準規範，如美國ANSI、歐洲DIN等。這樣，不僅可以告訴客戶，產品的專業度以博取客戶信賴，「更可突顯我們產品品質媲美世界名牌，但價格高貴不貴的優勢。」同時，「我們希望將來能以工業級，朝向更精密的航太工業市場前進。」廖永源信心十足的說。

除了鎖定目標市場，自有規劃通路策略及與代理商間互動溝通，也是企業經營自有品牌的另一項know-how。目前重威的經銷商通路，採一國一代理的制度，全球共有95個國家、四千多個據點，都有區域內具有實力的當地經銷商，長期合作。

經銷商的經營對品牌是否能在當地順利拓展市場，是一個重要關鍵。重威透過網路與經銷商互動並舉行全球經銷商會議，互相分享資訊與經驗，以增強「Jonnesway Family」的凝聚力。例如，2006年及2008年3月在德國科隆舉辦的兩屆全球經銷商會議，各區經銷商都就未來發展，提出各種促銷及廣告計畫，有些經銷商甚至計劃在當地配合投資「Jonnesway」旗艦店，及「Jonnesway」綠色特區的建構，以掌握變局，持續成長。

對於全球市場，重威未來將會區分為東歐、歐盟、中國大陸、北美、中南美洲這五大區塊市場。目前都是透過代理經銷商，但廖永源計畫在各區域市場成立分公司，主要目的為對經銷商施予教育訓練、售後服務及廣告行銷規劃等工作。

（資料來源：林蔚文，貿易雜誌，2008年4月；頁52-55）

〈案例7-4〉

台商達芙妮躍居大陸第一大女鞋連鎖店，並朝多品牌發展，邁向一萬家門市店

　　從台中發跡、1987年進入中國大陸市場發展的達芙妮，以代工生產女鞋起家，隨後自創「達芙妮」（Daphne）等品牌，平均年產近4,000萬雙鞋子，1995年達芙妮在香港掛牌上市，2000年跨入零售通路市場。目前，達芙妮在上海、福建等地有十餘家鞋子及鞋材生產工廠，員工4.2萬人，去年合併營收港幣58.32億元（約新台幣245億元），較97年同期港幣52.9億元成長約10%，今年預估總店數可達6,000家，營收仍有10%以上成長。

　　達芙妮從2000年跨入零售通路市場，短短十年，躍升為大陸女鞋第一品牌，隨著通路布局日趨完整，未來十年正是達芙妮藉由綿密通路資源，將品牌「無限大化」的最好時機。

　　達芙妮將朝品牌管理公司的方向發展，達芙妮現有5,000多個通路據點，一年賣出3,000多萬雙女鞋，以成交率10%估算，每年超過3億名女性消費者在各家分店逛，這些都是達芙妮發展多品牌事業的基本客源。

　　在多檔次方面，達芙妮旗下「愛意」與「ALDO」兩品牌，主要鎖定高價位女鞋市場另一品牌「達芙妮」鎖定中高價位市場；「鞋櫃」則以平價市場為主，所有客層一網打盡。

　　大陸女鞋第一品牌「達芙妮」董事會主席陳英杰證實，「達芙妮」將朝多品牌發展，並策略聯盟其它公司品牌，希望藉由「達芙妮」通路，為台商相關品牌合作、資源整合，開啟一條新路。

（資料來源：經濟日報，2011年3月20日）

〈案例7-5〉

P&G日本二次挫敗
勝利方程式改弦易轍

　　美國P&G公司是全球第一大清潔日用品公司，目前已在世界80個國家設立產銷據點及營運活動，全球員工總人數口超過10萬名，是一個與型的跨國大企業。

在日本遭逢二次挫敗經驗

　　早在1972年，美國P&G公司就已進軍日本市場，目前市場占有率位居第三名，僅次於日本的花王公司及獅王公司。在這三十二年的歷程當中，

P&G公司曾面臨二次嚴重的經營虧損及市占率的敗退。在1977年時，P&G在日本的幫寶適紙尿褲品牌市占率曾高達90%。但在1979年遭逢石油危機，各項化工原料價格均上漲，使得經營成本上升，獲利衰退。再加上日本當地競爭品牌搶攻市場，使得幫寶適紙尿褲市占率在1984年時，竟大幅跌至9%的超低歷史紀錄，當年度虧損額達到3億美元。此警訊迫使日本P&G進行第一次經營改革。1985年時，日本P&G訂定了三年計畫，並由美國總公司派遣「特別小組」到日本東京支援當地公司。同時，日本P&G公司也慢慢了解日本消費者的習慣，改變了直接移植美國產品與品牌到日本的錯誤政策。到1988年，由於新產品上市暢銷及生產效率化，終於轉虧為盈。1990年營收額亦突破10億美元。但由於1990年代初期，日本經濟泡沫化，市場景氣陷入嚴重衰退及停滯，產品價格大幅滑落，再加上日本P&G行銷失當，1996年時，不少產品的市占率及營收額，再現衰退。迫使日本P&G展開第二次經營改革，當時該公司關掉二個日本大型工廠，裁員1/4，多達1,000人被迫資遣。

1999年之後的五年，日本P&G公司經過大幅改造革新，包括SKII化妝保養品、洗髮精、洗衣精及女性生理用品等，在日本的市場排名不斷往前竄，已緊追在花王及獅王等本土廠商之後，並不斷進逼，意圖成為日本清潔日用品市場的第一領導品牌。

日本P&G的行銷策略

日本P&G在日本三十年間，歷經二次失敗經驗，如今能夠再次站起來，進入排名第三位，並且坐三望二，威脅第一名的花王公司，主要根基於行銷策略上的改變及優勢，包括：

一、日本P&G三十多年來的經營，終於深刻體會到「在地經營」與「本土行銷」的重要性。因此，改變了過去所沿用的全球行銷標準化的傳統模武，在品牌命名、原料成分、外觀設計、包裝方武、訂價及廣告片拍攝及促銷手法、名人代言等行銷手法，均轉向以日本市場的需求為主要考量，並且深入理解日本消費者真正想要的東西是什麼，而不是美國人的觀點。

二、日本P&G公司並不像花王公司一般，頻繁推出很多的新產品或新品牌，反而是以審慎完整的規劃方式，推出比較少量的「戰略性商品」，以及相關的行銷廣宣活動，意圖以重量級品牌一次占有市場。

三、在改善通路鋪貨方面，經過長久以來的摸索、了解、改變及適應

日本的特殊通路結構與條件，然後建立更加穩固的通路關係，日本P&G新商品已能迅速在很短的時間內，鋪滿日本全國各種零售據點。

四、在廣告宣傳及整合行銷傳播方面，日本P&G與日本最大的廣告公司——日本電通，雙方有長期密切的合作關係。在品牌打造、廣告創意、整合行銷溝通及媒體公關上，日本電通均扮演了助益甚大的角色。

五、日本P&G對任何新品上市的過程及行銷策略，本來就有一套嚴謹與有系統的標準作業流程及關卡，包括市場研究、消費者洞察、產品定位、目標市場設定、產品訂價、通路普及、廣告宣傳、品牌塑造、事件行銷……等，均有非常豐富的經驗及Know How以茲遵循。

六、在物流體系改善方面，由於長時間的設備投資及摸索革新，目前亦獲得很大的改善。包括物流成本及庫存成本的降低，以及送貨到通路戶手上的時效也加快許多，大大提高了這些經銷商及零售店的滿意度。

超越花王之日，不會太遠

日本P&G公司，目前信心滿滿，擁有雄心壯志，預期在短短二、三年內，可望超過第二排名的獅王公司。P&C公司的長程目標，則是希望在十年內，可以超越日本花王公司，成為日本營收及市占率第一名的清潔用品公司。

日本P&C公司成為日本No.1的關鍵點，在於兩個焦點上。第一是「產品開發力」，日本P&G公司歷經三十年二次失敗教訓，早已學會如何遵循日本市場的特性及洞察日本各目標族群的需求，產品開發的成功率已大大提升。第二是「整合行銷傳播力」；這方面的技能，恰好是P&C公司最擅長的地方，擁有非常多的優勢資源及Know How經驗。看起來，日本P&G超越第一品牌花王公司之日，好像不會太遠，而且也不再是遙不可及的夢想。

日本P&G公司2003年營收額達17億美元，占P&G全球營收額的5%，是美國以外最大的海外市場，未來隨著營收額的突破性成長，將為美國總公司帶來更大的海外貢獻。

結語──P&G勝利方程式，在日本行不通之啟示

其實，P&G全球合併財務報表的獲利率，是日本花王的1.7倍，（美國P&G為12%，日本花王為7.2%），而股東權益報酬率（ROE），美國P&G亦為日本花王的2倍（P&G為32%，花王為15%）。此等績效數據顯示，

美國P&G仍大大強過日本花王公司。只是，美國P&G公司花了三十多年時間，進攻日本市場，仍未奪得市場第一名占有率，實令美國P&G總公司耿耿於懷，有失面子。

美國P&G公司在1990年代以後，早已深深體會到，過去橫掃全球市場的「P&G勝利方程式」，被證實在日本是行不通的，必須儘快改弦易轍，轉變經營政策與行銷策略，以貼近日本的「在地行銷」為核心主軸思考，積極透過商品、通路、訂價、品牌、廣告、促銷、公關等全方位行銷計畫之落實才能贏得日本顧客的心。

日本P&G在日本三十年歲月，歷經二次挫敗經驗，如今終能反敗為勝，確係一個很好的教訓與啟示。

本章習題

1. 請說明國際行銷之定義為何？

2. 請簡示國際產品生命週期有那五期？

3. 試圖示全球行銷策略規劃四步驟？

4. 試圖示國際行銷競爭策略四類型為何？

5. 試圖示國際行銷組合策略四類型為何？

6. 請說明為何要做海外市場調查？

7. 試說明全球品牌的利益何在？

8. 試說明全球產品要考量哪些因素才能一致性或差異化？

9. 試說明影響全球訂價的因素為何？

10. 試圖示國際訂價的四大類？

11. 試說明影響國際推展促銷的四大類因素為何？

12. 試圖示全球通路設計應考慮的十一個C因素為何？

13. 試說明如何尋找海外經銷商來源？

14. 試說明海外經銷商的優點何在？

15. 試圖示台商拓展海外市場行銷通路為何？

16. 試說明優秀國際行銷經理人應具備之條件？

第8章

代理商、自設行銷據點與委託製造

學習目標

第1節　代理商之研究

進入國際市場的方式，最初步的做法就是在國外尋找合適的代理（agent）、配銷商（distributor）、或自設行銷據點（marketing subsidiary）。下面將針對這些內容再做進一步說明。

一、代理商策略之優點

廠商跨入國際市場，在初始階段頗常採用的進入市場策略就是利用代理商。此策略之優點在於：

1. 可望迅速掌握市場

由於語言和社會風俗習慣的隔閡，利用當地的代理商從事行銷，應該比國內派出的銷售人員較易拓展市場。

利用當地代理商擔任當地市場的行銷工作，雖然不能完全控制代理商的銷售工作，但是設立銷售分支機構，建立銷售網，則需要大量的人力及財力投資，且往往須要相當時日才能看出績效，因此，在爭取市場時效的狀況下，可考慮利用代理商。

2. 可進行市場試銷

廠商利用國外代理商拓展國外市場業務，可視為一種試銷。若銷售情況良好，方可結束代理關係，而投下資金，建立自己的配銷網。

3. 配銷成本較低

若代理商擁有散佈各地的倉庫或銷售連鎖店，且其有足夠的促銷能力，雖他們的確從此配銷中賺了不少利益，但若考量自己來負責全盤行銷作業，不僅增加不少人事成本，且因租倉庫設立門市部等諸多費用，均可能使得銷售利潤所剩無幾，尤其若代理商跟偏遠地區的顧客，已有非常深厚的關係。此時當然由其負責該地區的銷售業務，比自行長途運送及拓銷較佳。

基於前述優點，國外代理商的利用，已成為廠商國際行銷必須考慮利用的行銷通路。

對於大部分台灣中小企業的國際行銷而言，在評估內部優點及經營資源後，基於下列四項因素，國外代理商的利用是必須的。

1. 廠商無足夠資金。

2. 缺乏在當地的行銷技巧訣竅及管理經驗。

3. 產品線範圍太窄，無法獲致足夠的銷售量與利潤。

4. 顧客眾多且分散各地。

二、找尋潛在代理商的方法

初入國外市場找尋合適代理商時，首先即面臨如何找到潛在代理商以及洽商代理事宜的問題。國外市場備選代理商可區分以幾種方式：

1. 直接信函或e-mail詢問

首先必須蒐集欲拓展之國外市場當地，所有可能賦予行銷重責公司之名冊。蒐集這種名冊有許多方法，例如自國外一般或專業機構出版之廠商中勾選，亦可經由銀行政府機關、徵信公司、商業同業公會或國外相關網站上等機構獲得有關資料，再將具資格的代理商之名單列出。

代理商名冊備妥之後，便可以寫信或e-mail給名冊上各潛在代理商，簡介本公司概況及欲銷售產品，並詢問他們是否有代理意願。

2. 公開廣告徵求

透過國外市場之各相關專業報紙、雜誌、專刊或網路等，刊載廣告以傳達徵求代理商訊息，再等候有興趣公司之回音。

3. 國外參展徵求

廠商在國外著名國際展覽上，經常會有很多知名的客戶來參看展覽，這包括連鎖公司、進口商、配銷商、百貨公司等各種客戶。從這些客戶中，可以挑選較具規模與潛力的客戶，進一步與其洽談成為我方代理商的意願及條件。

三、潛在代理商的評估重點

如何篩選與評估國外代理商，廠商可從以下幾個角度深入了解：

1. 營業規模

(1)該潛在代理商員工總人數及營業部門人數為何？長期發展計畫如何？所屬經銷商有幾家？

(2)已成立多久？目前營業額多少？代理商的營業額經由外界經銷商之手者有多少？

(3)目前的營業區域？是否將擴充營業區域？如果增加，則將是那些

地區？如何發展？

2. 目前代理之產品種類與特性

(1)目前代理那些項目？

(2)與其他國外廠商來往情形？

(3)目前所代理的產品與自己的產品是有相輔相成的效果，或會造成利益衝突或惡性競爭？

(4)是否願意改變代理產品的種類？

(5)如果願意，打算以何種方式經營？代理商在經營新產品時，其最低營業額的標準是多少？

3. 目前的銷售通路

就消費性產品而言，最終購買者通常都是在零售店選購，因此選擇一個與這些零售組織關係良好，而且有良好行銷效率的代理商，是非常重要的。當然，若代理商本身有設立直接控制的專賣店則更佳。

4. 財務狀況

對消費性產品而言，往往有賴代理商以其財力來打開市場，因此在選擇代理商時，財力狀況是否足以承擔商品在市場拓展初期的鉅額支出，應予特別注意。基本上，假如期待代理商的財務功能，包括大量庫存，對客戶較寬鬆放帳、大量廣告等，則財力雄厚和資金調度能力即非常重要。

5. 業務拓展能力

此方面一般應評估下列幾項：

(1)該代理商有無專用倉庫？該專用倉庫是自有抑或承租？倉庫的容量多大？使用情形如何？採行何種庫存管理方式？

(2)該代理商對推銷人員有無獎金制度及福利措施？有無人員訓練制度？有無特別獎勵或激勵計畫？

(3)該代理商是否願意提供廠商重要市場情報？主要使用那一種傳播媒體來促銷產品？是否願意提供擬訂行銷策略？

(4)該代理商是否願意提供廠商要求的某些特別服務（例如準備報價單、協助對顧客的教育）？該代理商是否提供各項售後服務，或僅是負責銷售？

總之，在評估潛在代理商能力時，應要求備選公司提出當地行銷計畫

及競爭者分析，而讓公司人員專業水準、從事此業年數、目前營業額、與客戶的關係、與廠商產品的互補性、專業技術能力等很多評估重點，均可能在某些個案上成為主要考慮要件。

因此，基本上，對潛在代理商的背景評估，一般主要仍應在代理商的銷售能力，尤其是否擁有分佈各地的直屬分支機構或往來密切之眾多經銷商。至於對需要售後服務的產品，除了技術人才外，其相關設備投資及零件庫存，必然須藉助財力背景予以支持。

第2節　自設行銷據點之研究

一、自設行銷據點直銷的優點

廠商在國外自設負擔行銷功能，採取直接銷售策略的優點，可包括下列幾項：

1. **便於進行市場研究**：企業若欲將國外市場有關的經營情報，適切而完整的回饋至本國，直接銷售體制的建立，是絕對的必要。在國外市場設立行銷分支機構，不僅便於就近作市場調查，擬定行銷方案便可深入了解市場競爭情況，有效地進行行銷活動。

2. **便於加強服務顧客**：一般而言，代理商承銷商品項目繁多，可能無法專心拓展特定廠商商品之市場，且在國外市場上，非價格競爭日趨重要，特別是分期付款、迅速交貨、接受小額訂單、加強售後服務等策略之應用，使得自行建立配銷網的問題更形重要。

   尤其是耐久性產品，顧客在決定是否購買某一品牌產品時，往往將其售後服務的品質列為重要的考慮因素。

3. **可加強產品價格競爭力**：採取直接銷售，可減少中間利潤「剝削」，以提高價格競爭力。一般而言，外國產品若欲打入當地市場，往往必須透過當地一系列的全國性及地區性的經銷商，方能達到消費者手中，由於價格逐層遞增而使得外國產品競爭力遞減。在此情況下，廠商應在當地設立銷售分支機構，將產品直接售予零售商或自設門市部門直接銷售，此雖然短期上配銷成本較高，但卻是打入當地

市場的最直接方式。

4. **能掌握行銷目標**：基本上，廠商與代理商間之利害關係是相互衝突的，也許剛開始合作時，雙方可以追求一致的利潤，但是合作時日一久，利害對立關係就會表面化。

譬如，有時國外當地代理商常為了搭配其他價位的產品，而同時經銷其他競爭廠商的產品。此種利害關係之衝突下，廠商在當地的銷售自然受到限制。

5. **沒有合適代理商下的必然作法**：透過國外代理商的銷售方式下，若代理商不同意廠商某些行銷政策，或者代理商規模有限，其市場行銷能力已不符合廠商對市場的期待時，廠商往往被迫自行設立銷售網。

儘管有前述直接銷售的好處，我國不少廠商仍感受，若國外代理商績效符合所期，則委由代理商銷售，最省事又獲利。

二、自設行銷據點與代理商融合運用

廠商即使在國外自設行銷據點，在行銷業務上仍須運用當地代理商，下列有三種策略可供融合運用：

1. **設立國外分支機構並採代理商策略**：在實務上，廠商也可能設立海外分支機構，但尋找當地代理商負責行銷作業，分支機構僅擔任協調功能。因此，廠商可在國內設立公司後，自行擔任進口功能，但當地銷售業務仍委由當地代理商。

2. **直接與間接通路併用**：廠商也當採直接銷售與間接銷售兼施的作法，在國外市場除利用擁有廣大配銷系統的代理商，同時自己也保留一些最大客戶的直接銷售，因為可能僅須雇用一位業務代表，就可負責好幾家大客戶的銷售業務。

有些廠商常規定，某種採購規模以上的客戶，由廠商直接接觸；採購量過小的客戶，則交由代理商往來，如此可省下廠商業務，甚至支援服務部門之人事費用。

3. **對代理商少部分投資**：以投資下游通路方式進入國外市場，若國外廠商佔該公司少部分股權，則仍可視為代理商。此方式之行銷控制力雖

不如獨資設立公司，但是在當地人士的貢獻之下，行銷績效會比獨資好，而且比一般獨立代理商更具控制力。

因此，透過代理商比自行直接銷售簡單的多，只要加強產品支援之服務，省下人員管理問題，而由於投資少部分股權，可強化與代理商之關係，使雙方利害較趨一致。

第3節　委託代工製造之研究

一、委託代工製造的涵義

委託代工製造（original equipment manufacturing, OEM）可視為一種「合約製造」，亦即受託者利用委託者認可之生產設備，依委託者確認過的規格及品質，代為製造委託者所欲行銷的產品。因此，一般而言，委託製造的作業過程，主要是委託者提出產品之規格、性能、品質以及交貨期、數量、等交易條件，再由受託者依委託者的要求來製造產品，必要時委託者並進一步在生產及品質管理方面提供協助。

二、委託代工製造策略的優點

1. **降低成本的考慮**：OEM的作業可視為買主（委託者）的一項供應策略。國際大型企業在經營上，即常基於成本的考慮，採此種OEM策略。

2. **增加供應能力的調節彈性**：對於生產產能的擴張是階段性的廠商而言，產能不可因過於樂觀的市場預測而擴大，對於可能的短期性或不定性市場需求，寧可以OEM方式，同別的廠商採購來銷售，才不致導致將來產能過剩。對外商而言，也常需要在台灣有OEM供應商，以保持生產上的彈性。

3. **快速進入市場的策略運用**

   (1)掌握市場機會：OEM對買方而言，若採自產自銷一貫作業，由投入到產出，還要一段時間，等產品上市時，價格也許已下跌，為搶得市場時機，故仍以買現成為佳。國內廠商在進入國外市場

時，在供應策略上，更可採國內OEM的供應方式。

(2)是快速進入國外市場之有效途徑：尤其台商並沒有足夠財務力量大打全球品牌的廣告支出力量。

(3)快速補充產品線：採OEM的方式能很快的擴大產品線，以達行銷之經濟規模。

(4)便於新產品之快速進入市場。

(5)充分利用國際知名品牌及通路優勢。

本章習題

1. 請說明廠商選擇代理商策略之優點何在？

2. 請說明對潛在代理商的評估重點有哪些？

3. 試說明自設行銷據點之優點何在？

4. 試說明何謂OEM？其優點何在？

第**9**章

參加國際展覽與拓展國際市場

第1節　參加國外展覽的目的及如何參加國外展覽

一、參觀者的目的

1. 尋找新產品（find new product）

根據美國Trade Show Bureau（TSB）的統計，在回答問卷的專業買主中，有76%將新產品列為「一定要看」的展品，這也說明了為什麼會有這麼的參展商選擇在展場發表新產品。在參觀者的潛意識裡，展覽與新產似乎已密不可分。常聽到訪客抱怨沒看到新品，言下之意就是，沒有新產品的展覽就不值一看。

2. 尋找新供應商（find new suppliers）

僅次於尋找新產品，一般約有三成參觀者其目的為尋找新供應商，這也是展覽之所以吸引展出者參加的主要原因。

3. 關心該產業發展（watch industry development）

這種參觀者多為與這個行業相關的非買主，例如現場操作人員、研發人員、市場企劃人員等。其參觀的目的主要在了解產業的最新發展，因此收集產品技術資料是這類人員參觀之首要目的。他們不是採購的決定者，但很可能是採購的建議者，仍具有採購影響力（buying influence），其重要性不容忽視。

4. 洽詢特定參展廠商或產品（search for specific supplier or product）

為了特定目的，必須拜訪某一參展廠商或在展覽會場尋找某一特殊展品之參觀者，最常見者為尋找原供應商廠洽談。

5. 參加研討會（participate seminar）

有些展覽的研討會的號召力反而超過展覽本身，前來參觀者有不少是因為研討會而來。越是專業的展覽會其研討會的號召力越大，專程前來參加綜合展的研討會者較少。

6. 準備採購（prepare for purchasing or place order）

這種參觀者通常已與供應商有所聯絡，對產品、價格以及交易條件已有某種程度的了解，這種訪客最易於展場下單。但是就調查顯示，準備採購對參觀者而言，為決定參觀的最不重要因素之一，由此可見準備採購並非參觀者的主要目的。

7. 其他目的

包括尋找零件、經銷商……不一而足。

二、展出者的目的

很多人以為參展目的只在接訂單，其實經常參展的廠商都知道，除了接單這種銷售（selling）目的之外，仍有收集商情、聯絡客戶感情……等等其他非銷售（non-selling）目的。

1. 接單（take order）

訂單是公司生存所繫，公司所有的推廣活動其最終目的無非是為了訂單。就參展而言，趁世界各地買主都來參觀之際，多掙些訂單，除了支付昂貴參展費用外，也好替公司創造利潤，這是千里迢迢前來展出的最終目的。

但是，訂單是否一定要在現場接，則仍須視情況而定。尤其是接單之前必須報價，而在展場應如何報價，以避免被拿去作比價的資料，是十分重要的事。再者，如果買賣雙方在展場初次見面，彼此尚未了解就談接單，恐怕有些困難。有些產品如機械之類的資本財，如果沒有事先聯絡並作效益評估，買主勢必無法在現場下單。

2. 尋找新客戶（find new customers）

接單固然是最終目的，但是由於商品的性質不同，並不是所有的產品都可以在展場就簽訂單。尤其是買賣雙方往往在會場才第一次見面，在彼此都不了解的情況下就要簽訂單，談何容易。因此，在展場除了接單外，接洽新的潛在買主更為重要。掌握潛在買主，展後再予追蹤，使成為新客戶，後續訂單自然源源而來。因此，接洽新的潛在買主也是參加展覽的主要目的。

3. 推出新產品（promote new product）

前面已提過，新產品是訪客參觀的主要目標，如果在展覽時推出，宣傳、造勢效果最為顯著，有助於銷售。因此，藉展覽推出新產品也常為廠商參展目的之一。

有時推出新產品旨在試探市場反應，藉各國買主都來參觀的機會，測試其接受之程度，蒐集改進意見作為正式推出之參考。

4. 聯絡客戶感情（contact customers relationship）

展覽既是這個行業的年度盛會，參展廠商的原有客戶必然也會前來參觀。因此，在展場上不可能只見到新客戶而不遇到老客人，平日只能以電子郵件及電話傳真聯絡的老客戶，現在可以面對面，去除彼此距離的隔閡。俗話說得好，見面三分情，當然免不了要應酬一番；再者，以往沒談清楚的事、當地市場反應、競爭者之活動情形等也可藉此商談。

5. 蒐集商情（collecting market information）

在展覽期間，本產業所有的業者與產品都在會場，參展廠商就是對該展所涵蓋之目標市場有企圖者，而產品必是最新研發出來的精銳。展出期間，任憑蒐集、研究，機會難得，應善加把握。從業界動態到產品的最新發展趨勢、從展覽到客戶居住地的市場狀況、從主辦單位的新聞資料到會場內的專業雜誌，無一不充滿商情資訊，參展廠商應該把商情的蒐集列為參展的目的之一。在展場可以蒐集的資料計有下列幾點：

(1)業界動態：所謂業界應包括競爭者及上、下游業者，惟對競爭者的動態應該特別注意。例如競爭者是否推出新產品、新的促銷動作、新的服務等等，以作為擬訂因應策略之參考。另外，也別忘了以買主的角度，就自己與競爭者作一比較，找出自己之短處加以檢討改進。而所謂的競爭者，不應只針對相同或相似之產品業者，對那些有可能替代本公司產品的業者亦應列入。上下游業者動態則包括重要公司之人員異動、業務狀況、銷售策略、價格變動、信用好壞……等等。

(2)產品發展趨勢：產品本身之設計、材質、顏色、式樣、功能一直到產品的包裝、附屬零配件等都必須詳加觀察。每一個參展，務必強迫自己瀏覽會場上最重要的某些類產品，看完之後要求自己說出流行趨勢，並預估未來走向，想想明年其他廠商會展什麼產品，而本公司又該展出什麼產品。這些資料作也可作為開發新產品之參考。

(3)買主的反應：在展覽的期間，應該利用與客戶或觀眾交談的機會，了解他們的期望與建議，並逐一作為記錄。這些記錄經過分析整理，很可能找到一些買主或末端用戶的特定的期望。

(4)新觀念及新事務：除了產品以外，還有許多其他資訊可以蒐集，

例如新穎的攤位設計、展品的擺設方式、討好觀眾的宣傳贈品、甚至設計精美的型錄……等，無一不是寶貴的資料。

6. 維持知名度或建立形象（maintain or build corporate image）

大公司參展的主要目的，則在向來訪的消費者加強其公司的印象，以繼續保持其知名度，使消費認同該公司而購買其產品；再則為向其行銷網路上的每一份子表達強大的支持之意，從而建立對該公司的信心與向心力，以強化行銷網。

7. 培育員工（cultivate employees experiences）

要使負責行銷的員工儘快成長以便獨當一面，帶他們參加展覽是最佳選擇。為了要參展，展前的準備足以使他對公司了解透徹，而到了會場看過來自世界各地的競爭者之後，對本行業將有完整之認識，對本公司在這行業之中處境會有所正確的了解，返國後必有助於日後之工作推動。

再者，能夠到國外去參展、充電，就目前國內的狀況，並不是每一位員工都有這種機會；擇優派往國外辦展覽，有助於提升員工工作士氣。然而，參展差旅費並不便宜，為培訓員工而參展，學費未免過於昂貴，應該把培訓員工、提昇士氣作為參展的附屬目的。

三、如何參加國外展覽

展覽的準備期很長，在決定參加某一展覽之後，必須成立工作小組或指定專人負責規劃，分別交由相關部門推動。工作小組除負責與主辦單位聯絡外，亦同時負責推動部分參展工作，控制進度及各單位間之協調配合。

1. 目標設定（goal）

前已提及，參展的目的可分為「銷售目的」及「非銷售目的」兩大類，銷售目的首推尋找新客戶及接單；而非銷售目的則包括形象宣傳、觀摩培訓、聯絡客戶情感、收集商情等。公司在當初決定參加本展時，必然有其特定之目的，而設定目標時可就當初的目的設定數值，作為展覽工作同仁努力的目標。

2. 預算編列（budget）

展前的準備首先應設定擬達成的目標，由既定的目標決定所需的場地

大小、工作人員數量、裝潢費用……等,最後將各項費用加總決參展的預算,不宜先訂預算再設目標。

(1)攤位租金

攤位租金是展覽的主要費用之一,主辦單位出租的攤位可分為室內攤位與戶外攤位兩種。室內攤位展示一般消費財及資本財,室外攤位則適合展示重型車輛、起重設備、挖土設備等。

(2)裝潢費用

裝潢費亦是參展的主要費用之一,一般其金額大約與攤位租金相等。如果攤位面積高達100平方公尺,裝潢費以及租金兩者約佔參展總費用之60%至70%。

(3)展品運輸報關費用

對機械廠商而言,展品的運輸與報關是一項相當龐大的費用。往往由於展品價值高,不易於展覽期間售出,亦無法送予客戶當樣品,必須於展後復運回國,往返費用可高達參展費用之30%至40%。

(4)人員差旅費

①機票款;

②護照及簽證費;

③國外生活費;

④旅行平安險、國外內路交通、參展人員制服、雜支。

(5)宣傳推廣費用

①主辦單位買主手冊登錄費;

②專業雜誌廣告刊登費;

③入場券及邀請卡費用;

④記者會、新產品發表會及酒會費:

⑤禮品、宣傳贈品購買費;

⑥展場用大型圖片、海報、燈箱製作費用。

(6)雜項支出

①臨時人員工資:開箱工人、警衛、翻譯、櫥窗布置師等人員薪資。

②展場竊盜險、火險、第三人身意外險費用。

　　③展場雜支：傳真紙，郵資、飲料……等雜項支出。
　　④宴客、交際費。

3. 展品之準備與包裝（show product）

　　如果確定要參加某一展覽以展示新產品，則產品之開發時間表必須與
參展進度表相配合。尤其是體積大，重量重之展品——如機器，在裝船日
前一定要完成開發製作，在亞洲的展至少須於展前一個月裝船，歐洲則至
少須在展前45天啟運。小展品有時可用空運，如果在先進國家展出，其
進口報關所費時間較短，可以空運的展品，其開發完成日期可定在展前二
周。

4. 印刷品及宣傳品之製作（promotion data）

　　展場常見的宣傳品包括產品型錄、海報、工作人員名片、展場裝潢文
案、手提袋、錄影帶、自黏貼紙等等。

5. 人員之安排與訓練（people arrangement & training）

　　參加展出的工作人員包括正式職員以及展場聘請之臨時人員兩類，
如果參展的規模較大，需要比較多的正式職員，這時下列人員應包括在
內：

(1)公司代表，如總經理；
(2)展館負責人；
(3)銷售人員；
(4)技術人員；
(5)服務台接待人員。

　　一個即將赴展場工作的員工至少必須了解下列事項，這些也正是訓練
的重點：

(1)本公司產品或服務的知識；
(2)本公司產品或服務的交易條件與價格結構；
(3)競爭的產品範圍及與我方競爭的情形；
(4)本公司的目標客戶群；
(5)該展的訪客概況；

(6)本公司現有的重要客戶；

(7)如何接待訪客、製作洽談紀錄；

(8)本展在此一行業中的重要性；

(9)本公司攤位在展場中之位置；

(10)展場地址、交通及相關資料；

(11)本次參展預定達成的目標。

6. 與其他行銷活動配合（other marketing activities）

參加國際展覽只是公司行銷活動之一，為達到最大之參展效果，必須
和公司其他的推廣活動配合。參加國外展覽的工作範圍相當廣泛，前後時
間拖得很長，要聯絡的單位亦多，極易因為疏忽而影響展出。

四、參展推動順序事項

1. 報名、洽訂攤位；

2. 攤位裝潢；

3. 展品運輸；

4. 展前行銷；

5. 旅行事務；

6. 展品進場及展場佈置；

7. 展中行銷；

8. 展後處理；

9. 買主追蹤；

10. 單據整理與經費報銷。

第2節　高績效展覽的行銷策略、要訣及步驟

一、展覽行銷管理的七個步驟

步驟一：訂定年度參展目標與策略

由企業經營階層根據短、中期的目標，訂定一個年度要參加哪些展
會，及其目的、預算、期望達成目標，以及所需的策略，這也就是「目標

管理」的意涵。

步驟二：確認個別展覽目標與策略

在年度目標下，由個別展會的承辦經理再次確認由經營階層所擬定的目標與策略，是否因內、外部條件變化而有必要調整。

步驟三：展前企劃作業

由承辦經理及團隊詳細規劃與落實各項展前準備工作，以做為達成展覽設定目標的準備。

步驟四：展中行銷作業

參展企業藉由攤位佈置、展品陳列、客戶接待、展品促銷及會議等作為，與參觀者達成溝通，以促成下單或建立品牌形象的目標。

步驟五：展後處理與再行銷作業

一般而言，展後的行銷黃金期為48小時，又有一說：「展後才是展覽的開始」。因此，展覽結束後必須立即針對展中所接觸的客戶進行分類、整理、聯繫，以引導客戶下單、索取樣品或型錄的行動。

步驟六：個別展覽的績效評估

此即比較個別展覽目標與實際值、歷年參展表現的差異，以做為下次參展規劃依據。

步驟七：年度參展績效評估

參展企業應就年度所參加的全部展會進行全盤檢討，以做為下年度訂定公司行銷策略、計畫，或年度參展目標與策略的依據。

前述的七項行銷管理步驟，其實就是「目標管理」的實踐，也是企業達成高績效展覽行銷目的的重要過程。

二、致勝的四大展覽行銷策略

國內知名展覽行銷專家周錫洋（2008）依其多年的專業經驗，提出四大展覽行銷策略的戰略高度思考，如下摘述：

行銷策略一：自問自答策略

此策略指的是在形成參展策略方案前，企業透過5W2H的方法，進行展覽策略分析，諸如：為什麼要參加展覽？想從展覽中獲得什麼？（Why）；目標客戶是誰？（Who）；提供什麼產品滿足客戶的需求？

（What）；哪些展覽可以達成績效？（Which）；展覽行銷計畫何時開始執行？（When）；如何利用展覽達成績效？（How）；參展所需經費？（How much）。

透過這些自問自答的過程，將有助於企業釐清參展需求與對象，並進而發展成參展的策略選擇（展覽、展品、展位選擇策略）與策略實施（展前企劃作業、展中行銷作業、展後處理與再行銷作業、展覽績效評估作業）。

行銷策略二：門當戶對策略

並不是大的展覽對每一個想參展的企業都是好的，而是要根據展覽的本質與企業條件去進行交叉分析，才能做為展覽好壞與否的區別。因此，企業在選擇參加展覽前都有必要先去了解展覽的型態種類，諸如目標客戶、有效買主人數等資訊，以分別出展覽的優、缺點，擬定相關的因應措施。也只有在找到適合參展商、門當戶對的展覽，才可說是一個好的展會。

一般展覽的類型以目標市場分，計有國際展、國家展、地區展等類別；若以展品性質分，則計有專業者、綜合展及消費展等類別，而這些展別，實質上都影響參展企業的展出績效。一般評估展會的作法計有六大要件：

(1)參展目的：依企業目的尋找符合的展會，例如：要開發新市場，則要考量展會所涵蓋的市場範圍。

(2)展覽主題：一般觀展者依據展會的主題來決定是否與會，故確認展會的主題能吸引參展企業所設定的目標客戶至為重要。

(3)展覽歷史：一般歷史愈久的展會，只要不是逐年縮小，基本上都是參展企業可以放心選擇的標的，因為長久的歷史代表著過去有諸多的參展者與觀展者在展會中找到他所想要的東西，也因此造就了展會的延續。

(4)展覽規模：此取決於參展者家數、觀展者人數；前者家數愈多，相對可吸引愈多的觀展者。

(5)觀展者品質：這包含觀展者身分、觀展者興趣比例、新客戶比例、平均逗留時間。而這些資訊可在展覽名錄、展後報告、及相關展覽宣傳文件中得悉。

(6)涵蓋市場：這可從觀展者的國籍或居住地來做判斷。

行銷策略三：投其所好策略

此策略指的是企業參展的展品策略，而且與產品的成熟度高度相關。例如，在市場上剛推出新產品的「導入期」時，展品應選擇「市場滲透策略」，以擴大市場佔有率，建立品牌忠誠度；在市場上已被客戶接受，且獲利大幅提升的「成長期」時，則應選擇「多樣化策略」，強化產品線完整性及規模；在大多數潛在購買者都已接受該項產品，銷售量創下高峰後，並進入由盛轉衰的「成熟期」時，則選擇「差異化策略」，以增加產品的賣相；在需求減少、銷售量下降，且競爭者退出者多的「衰退期」時，則應選擇「退出參展策略」，即該產品不該在展覽中出現，或不宜占有太多展位空間。

行銷策略四：地利人和策略

此策略指的是企業參展的攤位選擇、攤位設計、展品陳列等策略。在攤位立地策略方面，在排除成本考量下，參展者在選擇攤位地點時以展場中心地段、與領導廠商為鄰地段、交通樞紐地段（以主走道優先、或面臨二條或三條走道轉角口攤位）為優先。

當然，並非所有參展商都有能力或機會取得立地佳的展位，因此，當展位立地不佳時，仍可加強以下作法來吸引觀展者。

1. 展前行銷：如寄送邀請函、電話聯絡、刊登專業雜誌等。
2. 展中促銷：如安排展示活動、贈送贈品、發放DM等。
3. 攤位裝潢：增加攤位上方空間設計，以吸引觀展者目光。
4. 資源共享：參展商在展場有兩個攤位或以上，以及與展品有上游關係的供應商，可相互引導客戶到彼此的攤位。

另外，展品的陳列與配置也至為重要。一般可分為兩種策略：

1. 主題陳列：以主題展品突顯陳列特色，達到吸引觀展者的目光，並迅速掌握讓參展商欲展示的主題。
2. 重點陳列：將某些極具吸引力的展品以獨立空間的方式展示，以達到吸引觀展者進入攤位參觀的目的。

資料來源：周錫洋，貿易雜誌，2008年3月，頁27-頁33

三、展前企劃的六大關鍵

周錫洋（2008）專家又提出展前企劃的六項重要關鍵工作，如下摘述：

參展商執行一個展會，一般劃分為『展前企劃』、『展中行銷』與『展後行銷』等三部曲，以下我們將簡要說明各自所扮演的角色與重要性。在『展前企劃』的操作部分，可劃分為六大關鍵作法：

關鍵一：廣深的展前企劃

首先，由於展前準備事項繁多，各涉及不同領域的專業，故有必要以專案團隊方式進行，包括慎選專案經理統籌、協調，建立專案的組織架構，明訂各單位的職掌，且分配人員工作內容，並召開會議就參展目的、主題、目標、預算及應注意事項擬定成各項的工作計畫書（如展品、裝潢、展覽行銷、人員訓練及後勤支援計畫等）。而後，再經由執行各項作業計畫，並確認計畫的可執行性，或據以修正、改訂，以達成有效的展前企劃作業。

或許有人會說，這樣的展前企劃準備是上市公司參展的作法，對中小企業是小題大作。但事實上，企劃與書面化的過程是必要的，內容的粗細則是可以逐步落實，如此不但可做為未來企業展前企劃的範本，也是邁向展覽成功的基本步伐。

關鍵二：精選展品項目

選擇錯誤或不適合的展品是邁向成功展覽最大的致命傷，而為確保展品能符合觀展者的需要，參展商必須要有嚴謹的挑選展品步驟。前先，要擬定展品主題的內容，並確認展品的開發方式（包括：展品項目、展品數量、展品價格帶、新產品開發等），再據以執行繪製圖稿、製作樣品、驗收樣品、計算成本等開發作業。

在完成開發作業後，便進入選定最終展品、製作基本資料及展品包裝與裝箱的階段。此時，將所開發出來的展品與設定的主題及目標客戶需求相較，再據以決定最終進入參展的展品。

其次，應就最終選定的展品製作基本資料，以供展場接待客戶人員介紹展品之依據。最後，則就展品的特性，選擇安全性高、經濟性佳、易裝與易上架的方式進行包裝與裝箱。

關鍵三：凸顯特色的攤位裝潢與展品陳列

一般而言，小型攤位（9～27平方米）的裝潢重點在於突顯展品效用與功能，以製作照片燈箱、聲光效果、展品文宣為設計重點。在區域規劃上則可設置產品陳列區與交易洽談區。

而中型攤位（36～72平方米）的裝潢重點在於突顯展示主題及創造視覺印象，以動線安排、裝潢材料應用、展品主題為設計重點，在區域規劃上則可設置服務台接待區、產品陳列區及展示區，以及交易洽談區。

大型攤位（81～162平方米）裝潢重點在於突顯企業形象及傳達明確參展主題，以動線安排、裝潢材料應用、參展主題概念及企業CIS為設計重點，在區域規劃上則可設置服務台接待區、產品陳列區及展示區、交易洽談區、獨立客戶洽談區，以及活動區。

關鍵四：周詳的展前行銷

展前行銷的基本功能在於告知參展資訊，進而激發買家觀展意願，或根據買家意見進而修正展覽計畫與內容。在行銷工具上，則包括：邀請信函、專業期刊廣告、網頁宣傳及媒體報導等；而在實務上，應要求先寄發邀請函，未回覆者再以電子郵件通知，最後則再以電話直接邀請，以確認邀請買家的意願，而不是寄了邀請函就置之不理、逕行參展。

關鍵五：嚴謹的人員訓練

由於，展期短暫，參展商必須訓練一批展場人員，要讓買家在短時間內即能明瞭展示產品，並立即解決詢問內容，以留住或接待更多的有效客戶，否則將會平白流失許多交易的機會。首先，在展場人員的遴選上，以具專業知識、表達能力強、具有健康身體與旺盛精力以及且有參展經驗者為最佳。

其次，對展場人員的產品專業知識訓練上，則必須包含：產品賣點或服務特色、產品或服務規格、包裝方式及製造流程、產品或服務的價格、交易條件等內容。

最後，則必須針對接待技巧進行演練，如客戶蒞臨攤位、接近客戶、展示攤位、現場報價、締結簽約及送客等方面的接待技巧。

關鍵六：精準的後勤支援

在完成展前展品、人員、行銷等各項展前企劃後，便只剩下正式開展前的後勤作業，這包括：展場人員的交通、食宿安排、展品運輸，以及展中促銷工具的製作與送達等工作。

資料來源：周錫洋，貿易雜誌，2008的3月，頁27-頁33

四、展中行銷的五大要訣

要訣一：主題明確的裝潢佈置

攤位的裝潢、佈置應遵守主辦單位的進（退）場時間規定，所以務必掌握裝潢承包商的作業進度，也可避免後續展品進場陳列、佈置時間的延遲。至於，攤位內部的佈置，最好在開幕前一、二天開始比較適合，但如果是大型物件展品，則建議在就定位後再行攤位裝潢，才不致相衝突。

另外，關於展品進場的時機，為避免被抄襲與被竊的風險，通常在開展前一天才開始陳列，若是展品較多、陳列費時，至少也要先保留主力產品，待開幕前一刻再陳列即可。當然，展品送達的狀態也必須注意，應檢查數量是否正確、是否受損，若有異樣也應找公證單位前來處理，或將損壞情況、包裝方式詳加記錄，以做為索賠與下次參展展品運送、包裝改進的依據。

最後，對於展品包材與廢棄物也應妥善處理，除非展品展後不再包裝，否則如紙箱、木箱、填充物等包裝材料，應妥善儲存。

要訣二：因勢利導的待客之道

在展場中，接待來訪客戶的技巧相當重要，往往是決定交易能否成功的關鍵。首先，當客戶蒞臨攤位時，接待人員並不是馬上趨前就是最好的接待，而是必須辨別客戶的肢體語言，並捉住最佳時機去接近客戶，如此往往能提高接觸效率與成交機會。

在正式接觸、交換名片後，就必須直接詢問對方有興趣的展品，以及公司主要業務等有意義的問題，並繼續探求觀展者的特性（如進口商、批發商、代理商、零售商、終端消費者等）、觀展者的實力（營業額、資本額、員工數、採購往來對象等）、觀展者來訪目的等，再決定後續採取的洽談對策。

事實上，在展場接觸的觀展者中，有不小的比例其實是同業來打探商情，主力接待人員便要有能力在三十秒內判斷出來，並交由輔助接待人員予以打發，避免浪費時間與唇舌。

在展示推銷技巧方面，主要還是要從客戶關心的問題出發，尤其進口商對於產品所帶來效益的重視，往往更甚於產品所呈現的特色，因此在售價、終端客戶可接受價格、可獲毛利與提供服務方面的介紹資訊，往往比較吸引顧客的注目，此點可在展示推銷中多加運用、轉換。

　　至於，在現場報價部分，公司應制定標準作業程序，對目標客戶應先充分了解客戶性質、採購數量、所在國家等資訊後，再提供報價；而對於詢價客戶或競爭者之應對，除可採反制擾亂策略外，也可以請對方留下名片，並告知回國後再聯絡。

要訣三：適時一擊的展中促銷

　　在實務中其實早已證明，在展中進行促銷活動，比沒有實施的企業，能明顯吸引更多的人潮至攤位參觀，企業只要運用得當，不僅可在眾多參展商中異軍突起、達成宣傳效果，更能促成後續的交易活動。

　　一般的展中促銷項目包括：舉辦新產品研討會、記者會，以及吸引參觀者目光的試吃、專業藝人秀、有獎問答活動；其次，發放DM、型錄也是方法，只是發放的對象仍有所選擇，否則很容易被丟棄，在內容的設計上也應力求精美，才能達到宣傳效果。

　　還有，發放具實用、獨特性、品質良好的宣傳贈品，也足以吸引觀展者的目光，而在發放方式上，則可在接待潛力買主後，以致贈紀念品的方式送上，不但提高買主的印象，也避免因隨意贈送，而浪費企業資源；最後，也可運用多媒體效果來達成創造人潮、傳播資訊、教育觀眾的目的，以提升觀展者對展品或企業的認識。

要訣四：知己知彼的商情蒐集

　　「展場」既是打敗對手的戰場，也是認識對手、吸取對手經驗最直接的觀摩場所。因此，參展商在展場進行商情蒐集至為重要，更重視的企業還會找專人負責。

　　一般在展場從事情蒐時機有兩個，其一是在自己展攤佈置完、展會開幕前至各家攤位了解有哪些現有或潛在競爭者、上游供應商、下游客戶、替代性產品參展，以決定展中後續的商情蒐集對象；其二是在展覽開跑期間，企業參展人員可利用輪空時間，就選定的商情蒐集對象進行觀察、詢問、資料蒐集等工作。

　　至於，在展中所獲得的商情資訊，仍有必要由專人進行整理、分類與保管，並適時將重要內容呈報主管，或做為展中行銷或未來行銷研究的參考。

要訣五：快速反應的展中會議

　　在展場中，競爭無所不在，爭取客戶的招數也是五花八門，如何隨機應變也成為力挽狂瀾或趁勝追擊的重要反應能力。鑑此，一般即透過展

中會議的召開，來凝聚全員共識、落實展中作業，並進一步跟催參展績效、調整因應對策，以達成參展的預定目標。

在實務上，一般展中會議可利用『展覽開始前一晚』、『每日展覽開始前及結束後』、『展覽結束的前一晚』等時段召開，以提醒、確認各個參展工作人員應注意及負責事項，並檢討工作成果、缺失或競爭者作法，以做為隔天或未來因應參展工作的依據。

資料來源：周錫洋，貿易雜誌，2008年3月，頁27-頁33

五、展後三步驟

簡單的說，「展後處理」指的就是展覽結束後展場應處理的「展品處理」與「單據整理」兩項工作，前者如展品包裝、確認展品去向、點交展品運送，以及展品復原歸位等事項；後者則是確保公司表單及費用單據的完整性，以有效建檔成公司資料庫，或確認經費執行結果。

至於，「展後再行銷」則是在展覽結束、返回企業後，業務人員根據展覽期間所蒐集的訪客資料再次與客戶聯絡。以促成客戶下單的工作，其中包活：(1)「訪客紀錄篩選」、(2)「展後聯絡與跟催」，以及(3)「展後資料建檔」等工作。

其中，最值得注意的是「展後聯絡與跟催」工作，一般展後48小時為黃金期，未及時向客戶致函感謝或回應展中交辦事項與關心議題等工作，則可能因而讓競爭者捷足先登而喪失商機。其後，再於七天內與客戶再次聯絡，以確認是否已收到感謝函，且進一步接洽客戶交辦事項處理結果，或藉以了解客戶的其他需求，以彰顯企業的專業與熱忱。

還有，耐心的持續跟催、跟催、再跟催，往往是成功獲得買主青睞的重要工夫，根據統計，有三分之一的潛在客戶會在一個月內回覆訊息，展後開始與客戶聯絡、跟催，至看到成果，平均也要花上三至八個月的時間，「好事多磨」可說是從事國際行銷業務工作者該有的認知與精神。

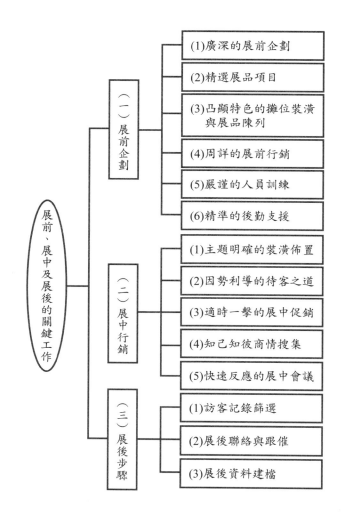

圖**9-1**

展前、展中及展後
企劃的關鍵工作

本章習題

1. 試說明參觀者的目的何在？

2. 試說明展出者的目的何在？

3. 試列示參展推動順序事項為何？

4. 試列示展覽行銷管理七個步驟為何？

5. 試簡示展前企劃六大關鍵為何？

6. 試簡示展中行銷的五大要訣為何？

第10章

國際人力資源管理

學習目標

第1節　人才母國化與當地化的論點

一、跨國企業人力資源管理考量構面

根據學者Brewster（1994）的分析，認為跨國企業人力資源管理模式及實務，必須考量到如下圖所示各項環節。

1. **全球事業環境**：首先應考量包括海外投資當地國及當地城市的相關文化、法規、所有權型態、勞動市場、職場實務、溝通型態、員工參與程度及教育訓練等之現實環境及條件狀況如何。

2. **所在產業別**（sector）：其次，應考量海外投資所在產業別狀況的差異，例如高科技業與傳統製造或服務業是有所差異的，此對人力資源管理與策略也會有不同的影響。

3. **公司組織狀況**：包括公司及海外當地子公司的型態、規模、結構文化、理念、經驗，以及政策、信念等。

4. **公司策略取向**：公司係採取「就地取才」取向或「母公司總控制」取向，或是按「階段性」發展而有所不同取向等。

5. **人力資源策略與實務**：依據前四項，做全面性思考後，再決定人力資源的選人、用人、晉升、獎懲、輪調、培訓與領導等相關實務。

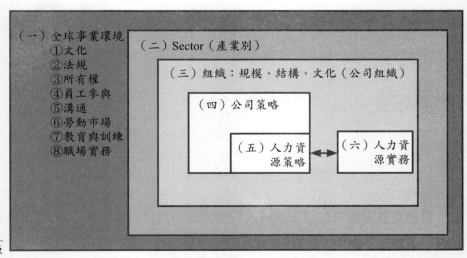

圖**10-1**

跨國企業人力資源
管理考量示意圖

資料來源：Brewster (1994), Human Resource Management in Europe, Rouledge, London.

二、四種不同的管理心態 ── 全球化企業對管理當地人的不同態度

有四種不同的態度，可以用來描述跨國公司的世界觀與管理心態。這些態度都可能表現在公司的各種活動上，包括組織架構、權力、決策、控制、發展、拔擢、賞罰、任用、選拔資訊流通共享、以及標準化與本土化等。

（一）民族中心主義（ethnocentrism）

此即母國導向（home country orientation）這些國際企業偏好派遣母國總公司人才赴全球各據點擔任高階要職。他們也相信母國的人才、制度、系統、營運方式、決策等與生俱來即較為優秀，而且較當地人更為能夠加以信賴。

（二）多元中心主義（polycentrism）

此即地主國導向（host country orientation）。這些國際企業認為當地國一切都是複雜的、不易理解，他們認為最好「入境隨俗」，採取低參與的態度，不必事事仰賴自己母國人，因為他們最終發現這樣的效果並沒有比放手給當地人做要好。這些跨國公司對當地人才的資質及誠實有信心，他們只要當地人能給他們創造利潤，而自己隱身幕後即可。此舉方式也會得到當地國政府及人民的歡迎，因為當地人才得到重視、重用及發揮。已有愈來愈多的跨國公司採取此種模式，這也是「全球思維、當地行動」的詮釋。

（三）全球中心主義（geocentrim）

此即世界導向（world-orientation），這些跨國公司的態度並不以外國人或當地人或母國人等國籍為考量，而是經理人在處理重要決策時，應以全球化觀念為基礎，而將母國與海外子公司的資源分配達到最佳化，而決策也是最公平、公開與公正的。凡事以全球化利益與成果為決策考量，而不是考量是那一國人、那一個海外公司所下的決策。

（四）區域中心主義（regiocentrism）

此即區域導向（regional-orientation），這些跨國公司係以某些區域、地區性為基礎而來招募、培養、評估及指派經理人。此舉係配合區域經濟

整合的興起，例如歐盟區、亞太區、大中華區、北美區等地區性經濟體的崛起。

（五）小結

到底那一種態度或管理模式較佳，這並沒有一定的定論，而要看幾個狀況而定：

1. 跨國公司的歷史、文化與經營理念。
2. 各海外據點的狀況的不同。
3. 跨國公司全球化發展程度的狀況。
4. 跨國公司產品特性的單純性或複雜性的程度。

三、以母國為中心的優缺點

（一）優點

學者古倫Cullen（2005）的分析研究，認為國際人力資源管理如果以母國為中心，則也會帶來一些好處，包括：

1. 母國幹部有更大的忠誠度及可控制性。
2. 母國幹部員工並不太需要太多的訓練，很快就可以上手。
3. 可以使重大決策集中化。
4. 高階管理職位通常不太需要花心思考招募符合資格的當地國人民。

（二）缺點

可是Cullen（2005）也認為會帶來一些成本不利點；包括

1. 可能限制了地主國員工的職業生涯發展。
2. 可能導致使地主國員工無法認同母公司的作法及理念。
3. 外派管理者通常在國際派任上的訓練很少，容易犯錯。

四、國際外派的策略角色

學者古倫Cullen（2005）雖然認為全球人才當地化是一個趨勢，不過，他認為從母公司外派人員到當地，也有一些策略角色的功能，包

括：

> **1.** 國際派任幫助管理者獲得在全球背景下，制定成功策略所必要的技能。尤其之後五年、十年、二十年全球化的趨勢、眼光及策略性決策，都必須由母公司高階人員做出判斷及下決策，這可能不是當地人從當地狹窄眼光來看待可負擔起來的。
> **2.** 海外派任幫助公司協調及控制分散在不同地理及文化上的經營活動。
> **3.** 全球派任可以提供母公司策略部門及事業部門的重要策略性資訊。
> **4.** 全球派任可以提供當地市場重要的詳細資訊。
> **5.** 全球派任可提供重要的知識網路及重要人脈存摺，此對創造新商機有助益。

五、全球國際人資管理導向的優點

具有真正全球國際人資管理導向的組織，會指派最優秀的國際經理人進行國際派任，此種跨國公司並不太會考慮他們出身的國家種族背景，而是只要是優秀的人才即會被派任。例如說美國P & G公司並不一定派美國幹部來台灣擔任高階主管，有時候可能指派香港或新加坡有才幹的高階主管來台灣負責。此種制度及政策，有一些好處，如下：

> **1.** 可以獲得更大的人才庫，而不受國籍、地理及種族的人才限制。
> **2.** 有助於企業培養大批有經驗的國際中高階經理人才。
> **3.** 可以幫助建立跨國的組織文化，使經理人對公司組織文化的認同更甚於任何一個國家文化。
> **4.** 可有助於全球市場績效與效益的不斷精進。

六、母國化或當地化的基本認知

不管是從本國當地化或是全球化角度來管理多國的多元文化，現代的人力資源策略都必須有下列的基本認知：

1. 跨國企業總部應清楚認知到，公司的管理文化反映了母國文化的價值

及假設。但是這些價值與假設是否可以適用在海外幾十個、上百個不同的國家市場上？這是必須深思的。

2. 跨國企業總部應清楚認知到，海外各子公司可能運用不同的方式管理人員，而這些方法可能更為有效。

3. 跨國企業應承認世界各國各種的文化差異，並採取行動來促使這些差異成為討論的議題，得到答案，進而獲益。

4. 跨國企業應深信跨文化學習可促進更具創意、更有效的人力資源管理方式。

5. 跨國企業應分析當地國的教育文化水準與人才素質水準，而做出不同的政策。

七、影響外派人員或當地人才的因素

一般來說，到底海外總公司是外派人員到當地擔任高階主管或是拔擢當地人才擔任總經理或董事長，這在全球企業並沒有完全一致的答案，這要看幾個因素而決定：

1. 要看個別國際企業而有不同，例如有些大企業可以把當地國的總經理讓給當地人來負責，但是有些大公司就不認同這樣做。以台灣為例：

   (1)由外國人擔任總經理：統一家樂福、屈臣氏、聯合利華、P & G、花王、雀巢、國瑞豐田、福特汽車、日立、Panasonic……等。

   (2)當地人擔任總經理：Coka-Cola、3M、COSTCO、麥當勞、肯德基、白蘭氏、IBM等。

2. 要看當地國人力資源的獲得情況，及高階人才的人力素質。如果當地國有很好的高級本土化人才，而且又很忠誠、年資也夠深，則可以獲得提拔出任當地CEO。例如台灣、韓國、日本、中國大陸、香港、新加坡等國的人才素質都非常優秀，也有愈來愈多的各類人才晉升為當地國的總經理高階主管了。

3. 海外國際企業總部的企業政策一貫性程度，以及是否隨著不同狀況而有彈性的作法。這就視母國公司對待海外當地國高階負責人的政策（policy）到底為何而定了。

4. 要看當地的法律、文化、社會等各方面的限制條件而定。

5. 效益（績效）的考量。如果當地人比外國派遣來的更能做出成果的話，那沒有理由不讓當地人做總經理。有愈來愈多的外國企業已轉變為此種現實且公平的作法，而把外派人員調回國去。

6. 成本的考量。如果高階十幾個人都是用外國人，那麼海外當地公司的成本負擔就會很重。例如，以台商公司赴大陸而言，已有大部分台商公司已下令本國幹部要減少派赴大陸，因為成本負擔太重，而大陸幹部接替的能力也很強，因此，台幹就愈來愈少了。

7. 要看海外總公司管控的制度化如何。如果海外總公司有一套很好的控管機制，主要是控制財務及會計作業，如此可以減少海外公司舞弊機會，那麼也會比較放心用當地人。

8. 要看當地人忠誠度與遵守道德的文化習性如何。例如，台灣人才在這方面表現很好，比較不會營私舞弊，因此外國人也很放心交給台灣幹部處理一切事務，他們只要定期來台做稽核即可，但是，如果在大陸，狀況可能就不如台灣了。

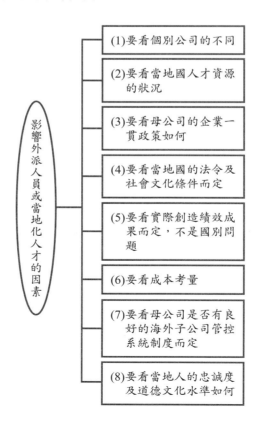

影響外派人員或當地化人才的因素

(1)要看個別公司的不同

(2)要看當地國人才資源的狀況

(3)要看母公司的企業一貫政策如何

(4)要看當地國的法令及社會文化條件而定

(5)要看實際創造績效成果而定，不是國別問題

(6)要看成本考量

(7)要看母公司是否有良好的海外子公司管控系統制度而定

(8)要看當地人的忠誠度及道德文化水準如何

圖10-2
影響外派人員或當地化人才的因素

八、做好跨國企業人資管理問題

學者古倫Cullen（2005）提出為了避免耗費大量成本且成效不彰之國際人資活動，主事人員應思考下列幾項關鍵問題；包括：

1. 公司應如何找出優秀的在地員工？
2. 公司應如何吸引這些潛在的優秀人才來應徵？
3. 公司是否應利用母國訓練方式來訓練在地員工？
4. 那些評核考績方法合乎在地習慣？
5. 應重視在地員工重視的獎酬類型、薪資類型為何？
6. 公司應如何留任並訓練優質員工，讓他們成為未來的管理者？
7. 在地法律是否對聘雇、給薪及訓練決策等有影響？

九、為什麼各國存在跨國企業人資管理的差異

為什麼各國會存在跨國企業人資管理的差異化呢？這主要歸根於各國國家背景的不同。這包括三大項：

1. 國家文化與企業文化的不同：例如日本國家及日本企業文化就與台灣或中國大陸的企業文化不一樣。
2. 制度上的差異：包括政治制度、經濟制度、教育制度、家庭制度、法律制度等，在各國都會有一些差異。
3. 關鍵商業實務及誘發性要素條件的差異：例如，日本比較常用的「終身雇用制」就與美國企業用的強調「績效導向」制度差異很大。

由於上述這三大項的差異，所以引發了各國在人資管理制度、作法及理念上的不同。

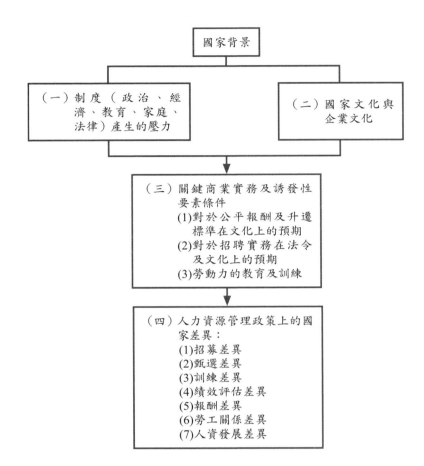

圖**10-3**
國家背景不同造成
在地人資管理實務
上的差異

十、跨國企業人才晉用與選拔

（一）晉用與選拔（recruitment and selection）

　　國際人力資源來自三類群體：母國（parent country nations, PCNs）、地主國（host country nations, HCNs）及第三國（third country nations, TCNs）。依人才偏好，可將國際人資管理之傾向概分成三類人才與人力管理心態：

1. 母國為主（ethnocentric）

　　這是一種以母國為中心的公司用人哲學，在人事上採以母國為主的管理方式，及評估標準，並晉用同國籍員工，或由母公司外派人員擔任海外重要職務。優點是值得信任，向心力強；缺點是外派成本高，對當地文化不熟悉，而且能外派出去的也不一定是公司內的第一流人才。

2. 吸收當地人才（polycentric）

這是一種以當地國為重心的用人哲學，管理者對待每個海外子公司如同是不同國體，相信只有地主國國民能了解當地文化和市場情況，因此，海外子公司的管理者以當地人為主。其優點為成本較低，且熟悉當地法令與文化，缺點是與母國間溝通與協調可能較為困難。

目前，全世界跨國企業大部以漸漸傾向以吸收及拔擢當地人才為最主為的用才模式，此即「人才當地化」之主流趨勢。

3. 用人唯才（geocentric）

以全球化為中心思想的用人哲學不應對人才有國籍偏見。用人完全客觀地以能力與性向來考量，而不考慮經理人之國籍，從全球各地有潛力的人才中，以公司利益為依歸來選用員工，不管是在公司或子公司，被選用之員工將同樣被視為公司內的主體。此法之優點是不分國籍，適才適所。

（二）採用母公司派遣經理人取向之優缺點

對於採用母公司經理人員取向策路，其優缺點，如下：

1. 優點

公司（總公司）派遣跨國經理人之優點，包括：

(1)提供母公司（總公司）的一致性組織文化及企業文化，而使海外當地國子公司能與母公司相一致。

(2)可協助母公司有效轉移母公司的企業實務運作及習慣到海外當地國子公司。

(3)可提升母公司對海外營運的控制及協調功能。

(4)可增強母公司組織的國際化取向。

(5)可培訓母公司跨國經理人才之養成歷練。

2. 缺點

但由母公司派遣經理人員。也有下列缺點：

(1)對當地文化適應的問題。

(2)語言因應問題。

(3)薪資成本可能比當地人還要高出很多倍，造成成本負荷壓力。

(4)不聘用當地人，可能引發敏感的政治問題。

(5)對當地有才華、肯努力的好人才，顯得不足以激勵將士用命。

　　學者Charles（2000）針對跨國企業三種用人哲學比較如下表所示：

表10-1
跨國企業三種用人
哲學比較

用人哲學	策略性適用狀況	優點
1.母國為主	International （有限國際化）	1.可克服當地人才不足狀況 2.統一的文化 3.協助移轉核心能力
2.吸收當地人才	Multidomestic （多國在地）	1.成本較不昂貴 2.避免跨文化隔離
3.用人唯才	Global and transnational （全球與跨國）	1.人才資源效能化運用 2.協助建立非正式管理網路

資料來源：Charles W.L.Hill(2001), International Business, Me Gran Hill, Irwin.

（三）當地人才晉用趨勢漸成主流之原因

　　現在跨國企業漸有當地人才晉用的趨勢，主要原因：

1. 降低總公司派赴當地國人力的高成本負擔。
2. 願赴海外且有能力者，畢竟有限（例如美國、日本、歐洲等先進國家不願意赴落後國家）。
3. 晉用當地人才，可加快擴張跨國經營的程度。
4. 各當地國（香港、台灣、新加坡、中國大陸等）其實也有優秀人才。
5. 激勵當地全員的士氣，有為者，亦能晉昇到最高層。
6. 有助克服語言溝通、文化差異及民族習性等問題。

第2節　海外派任人才的選、訓及任用

一、跨國企業人才訓練與發展

　　包括了四種不同層次的工作：

1. **員工專業訓練**（training）：協助員工對與工作直接相關之特定技能或技術予以取得、精進與熟習。

2. **員工管理能力發展**（development）：著重員工知識的獲得與潛力之開發；特別指的是與決策、領導、組織等管理能力相關之一般性決策判斷能力的提升。

3. **組織發展**（organization development）：專指由工作團隊之態度，透過行為科學之理論與技巧應用來改善組織，產生有利於組織變革的長期性、整體性努力。

4. **生涯發展**（career development）：為個別員工設計規劃其事業發展軌跡與策略，目的在聯結個人長程目標與組織需求。

二、跨國企業外派人才的選訓任用

（一）外派程序與遴選

企業確定要用外派人員後，更細部的問題即是如何選定適當的外派人選？此時，首先要明確訂出外派工作所需之技能與性向，以此為依據來篩選員工，理想的外派人員應具有以下特質：

1. 技術能力（technical ability）；
2. 管理技能（managerial skill）；
3. 文化上的同理心（cultural empathy）；
4. 適應力和彈性（adaptability and flexibility）；
5. 人際與交際技巧（diplomatic skills）；
6. 外語才能（language ability）；
7. 個人動機（personal motivation）；
8. 情緒穩定力和成熟度（emotional stability and maturity）；
9. 家庭的適應力（adaptability of family）。

為了評估候選人在上述各項特質上的得分，人事主管必須與業務主管共同對候選人進行嚴格的篩選與測試，篩選的方式則有以下三種：

1. 過去工作能力與績效之檢驗：員工是否在過去的工作領域中展現其適

合外派工作的專業能力，是外派篩選之優先考量因素。

2. **密集面試**：多次與外派候選人晤談，可以判斷其海外派任之動機與意願，亦可從事對員工之生涯規劃建議，如有必要，應將主要家庭成員納入面談對象，以評估應徵者與其家人對於工作的適合程度，包括家庭分離、當地文化、語言和溝通的適應力等。

3. **實習的訓練**：透過團體與實際體驗之逐步訓練，使外派人員漸進調適。

4. **個人的意願（但也有強勢要求的公司）**：此外尚須考量到個人的發展意願。例如目前國內有些員工願意赴中國大陸發展，公司亦應予優先考量。

（二）全球派任流程

有關跨國企業對全球派任流程，大致如下圖所示之程序：

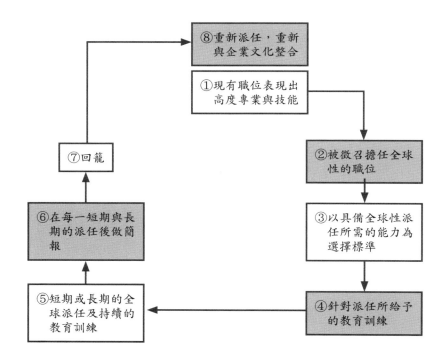

圖10-4
全球派任流程

（三）成功外派的條件

國內外派任人員的選擇有許多標準，下列是布萊克等人認為「成功的外派」所須具備的先決條件：

1. **策略因素**：即企業所具備的決定國際派任工作策略的能力，了解為什麼要派遣人員到國外？

2. **專業技能**：與該工作直接相關的專業知識，和對所須解決問題的了解。

3. **一般管理技能**：知道如何處理人際衝突，並能加以解決。

4. **溝通技巧**：能與其它文化背景的人有效溝通的技巧，並願意與地主國人民建立良好的關係。

5. **個人特質**：能以開放的心胸來探索地主國的文化，並且不會以非對即錯的基礎，來評斷任何事物。

6. **與性別相關的因素**：美國企業必須特別注意有潛力的性別，雖然只有不到15%的美國企業人力資源主管承認，他們會刻意選擇男性員工，不過實際上，卻有超過95%的主管在實務上如此做。

（四）外派員工之事業生涯規劃

　　員工訓練及發展是一種完成公司策略目標的方式，其若能與個人的生涯發展相結合將會產生綜效，也能成為外派管理中重要之工具。此一部分有賴員工個人與其主管共同界定與發展，其重要的問題包括：

1. 考慮個人之事業目標及需求，是否願意朝向公司預期的目標努力與發展？

2. 分析有關人員本身條件，以便決定能否加以培養，使其具有能力及產生預期行為？

3. 對於各種職位的工作性質及所需之能力與期望行為，必須加以客觀分析並讓員工充分了解。

4. 勾勒個人在全球組織中所能扮演之角色，及未來在組織中可能之發展路徑。

5. 設立明確之個人事業目標，使員工知道組織對自己的期待。

6. 提出可能的權變方案，使員工知道可能的事業路徑變化與因應之道。

（五）公司如何激勵員工赴任海外

　　跨國公司或台商企業為鼓勵員工赴大陸、歐洲、美國或東南亞等地工

作，大致採取下列激勵措施：

1. 薪資加0.2～1倍（自2002年後，台商此種規定已漸取消，赴大陸已無薪資加倍的獎勵了）。
2. 定期輪調制（二年一任即可回國）。
3. 加強福利措施（定期回國休假、機票免費、宿舍提供）。
4. 年終獎金、紅利、股票照發（在台灣享有同樣的福利）。
5. 未來升遷的必須歷練之一。

（六）全球化經理人的條件

身為全球化經理人員，應具備下列條件：

1. 具有國際觀、全球觀、世界觀；不只是本土觀（local view）而已。
2. 具有遠見（vision），不只是看眼前更看未來。
3. 令總公司信賴的（操守、能力、品德、政策配合）。
4. 具有經營當地市場的能力（capability）。
5. 能融入當地文化、價值觀，並平等對待不同國籍及背景的各色人種。
6. 能激勵員工，讓組織有活力與創新。

（七）派赴人才的訓練內容

對於外派人員，其訓練課程應包括：

1. 當地語言訓練（如泰語、中文、德語、法語、日文等）。
2. 當地環境了解（政經、社會、文化風俗、企業、勞工、氣候……）。
3. 如何管理當地員工的技能與方法。
4. 當地公司的營運程序及內容了解。

（八）全球企業管理海外工廠原則

1. 務必遵守當地國的勞工與人事法律規定（勞工法／勞基法）。
2. 管理宜因地制宜，不能只有一套。
3. 以制度化取代人治化。

4. 定期回總公司接受培訓，讓當地國幹部了解海外總公司的作法與風格。

5. 全廠員工採取分紅入股制，提高工作誘因。

6. 對當地國本土化人士應充分尊重、授權與獎勵，但以預算目標及財務稽核做為控制即可。

7. 在落後國家，宜加強教育訓練課程，以提高員工專業技能水平。

（九）先進國幹部不想調赴海外原因

1. 落後當地國之生活環境品質差（例如東南亞、中南美、非洲、東歐、中東等）。

2. 氣候不易適應（例如俄羅斯冷天氣、南非極熱天氣）。

3. 小孩教育升學問題。

4. 思想問題，生活苦悶。

5. 脫離總部，不利未來升遷。

三、全球經理人必備的技能

很多學者專家也指出高效能全球經理人應具備下列七種最主要的能力，包括：

1. 培養並運用全球策略技巧的能力；

2. 具備管理改變與變革的能力；

3. 具備多國環境的溝通能力；

4. 具備管理多元文化的能力；

5. 能與他國幹部共事與團隊合作的能力；

6. 具備設計靈活的組織架構並從其中得到發揮的能力；

7. 具備在組織中學習與移轉知識的能力。

四、海外派任人才的三大標準因素

國外學者Michael R. Czinkota（2005）歸納一位優秀的國際經理人，應必須具備下列三大標準因素。包括：

（一）能力

1. 所具備之專業知識的程度
2. 所具備領導能力的經驗
3. 過去經驗與以往的業績績效
4. 各國語言能力程度

（二）適應力

1. 任職海外的興趣
2. 處理人際關係的能力
3. 對海外當地國文化的認同
4. 對新的管理型態評價
5. 對可能環境限制的評價
6. 家人的適應性

（三）人格特徵

1. 年齡狀況
2. 教育程度
3. 性別
4. 健康狀況
5. 被地主國社會的接受度

五、海外派任失敗的原因

　　事實上，並不是所有跨國企業外派高階主管都是成功的狀況，有些也有外派不適任或外派做不出業績的狀況而被要求遣返回母國的現象。美國曾有學者Cullen（2006）研究海外派任失敗的原因，可歸納為個人、文化、家庭及組織等四個面向因素，如下：

（一）個人

1. 管理者的個性。
2. 缺乏對專門技術的精通。
3. 沒有國際派任的激勵。

（二）文化

1. 管理者無法適應當地文化或環境。

2. 基於和不同的人建立關係的複雜性，管理者無法和新國家的關鍵人物發展關係。

（三）組織

1. 國際派任的責任艱困。

2. 未能提供文化訓練及其他重要外派前的訓練，像是語言和吸收文化的訓練。

3. 公司沒有挑選出合適的人擔任工作。

4. 公司有承諾但卻沒做到提供國內管理者所習慣的技術支援。

5. 在挑選適合人選時，企業未能考量性別權益。

（四）家庭

1. 配偶或家庭成員不能適應當地文化或環境。

2. 家庭成員或配偶並不想去那裡。

第3節　海外事務談判

（一）談判案例愈來愈多

近幾年來，國際合作談判愈來愈多，包括國家層次或公司層次的談判：

1. 國家層次：例如中美智慧財產權談判，WTO加入談判，以及中日貿易諮商談判、海基／海協兩岸談判等。

2. 公司層次：例如合資、M&A、策略聯盟、技術授權、代理權等合作談判。

（二）為何國際化談判愈來愈多

跨國企業談判愈來愈多的原因，是政治、經濟、貿易等多元化因素所造成：

1. 國際化／全球化／自由化日益成為趨勢（例如跨國投資、引進外資）。

2. 冷戰結束（美蘇不再對立），共產主義解體，全球往經貿方面合作及發展。

3. 對智慧財產權（IPR）之保護重視。

4. 貿易失衡糾紛。

5. 區域經濟體盛行（如NAFTA, EU, ASEAN, APEC）。

（三）合作談判五階段

合作談判的完整階段，大致可區分五種階段，包括：

1. 談判前

   (1)成立談判小組及主談人。

   (2)事前廣泛搜集談判議題之資訊情報，知己知彼。

   (3)訂定各種可能的腹案及其優先順序。

   (4)進行沙盤演練（狀況→因應）。

2. 正式接觸並建立良好關係：增進彼此了解，縮短文化差異。

3. 多了解對方的需求、觀點、求同存異，並修正自己的策略，談判是一種藝術。

4. 討價還價與讓步

   (1)將人與事分開。

   (2)焦點集中在實際利益。

   (3)提出兩全其美、雙贏（win-win）而非零和遊戲（zero sum game），因為合則兩利，分則兩害。

5. 達成協議，簽訂備忘錄（MOU）及後續合約。

（四）傑出國際談判人才的條件

身為一位傑出國際合作談判人才，應具備下列特質條件：

1. 具備良好的外語能力；

2. 具有良好的溝通力；

3. 具有策略思考力；

4. 具相當體力；

5. 具相當對等身份與代表性；

6. 具有軟硬得宜的彈性態度。

（五）主談者常犯的錯誤

國際合作破裂，主要是主談者犯下列錯誤所致：

1. 立場過於僵硬。太堅持原有的立場，陷入僵局。

2. 心中只有一塊大餅（只想到自己的利益）。

3. 在資訊不對稱下，做出不佳的決策。

4. 過度自信、高傲，驕兵必敗。

5. 受限於不恰當、不合時宜的思考模式。

（六）善用談判技巧

國際合作主談者應該善用下列談判技巧與原則：

1. 要有耐性（磨功）；

2. 不要低估對手（高估自己）；

3. 要取得對方的信賴；

4. 要營造良好的談判氣氛；

5. 適時叫停（膠著／火爆場面）。

（七）談判謀略原則

國際合作談判主要有三項策略原則遵循：

1. 雙方實力相當→採合作、協調策略（cooperation/compromise）。

2. 我方實力大於對方→採堅持策略。

3. 我方實力小於對方→採部分退讓原則。

（八）成功的國際談判要因

跨國企業談判成功的原因是多元層面所造成，包括下列八項因素掌握成功：

1. 派出最適當且有能力及代表性的主談人。

2. 授予主談人實際權力（不必再事事請示）。

3. 充分的事前幕僚規劃作業，以知己知彼。

4. 秉持誠信原則，不要心機，取得對方高度信賴感。

5. 求同存異，以互利、雙贏為目標。

6. 在堅守原則中，仍須有若干彈性空間。

7. 選擇適當的談判時機及地點（天時／地利／人和）。

8. 確立整體戰略角度及談判目標為何。

第4節　案例

〈案例10-1〉

世界第一大製造業—GE領導人才育成術

　　年營收額達1,300億美元，全球員工高達31萬人，事業範疇橫跨飛機發電機、金融、媒體、汽車、精密醫療器材、塑化、工業、照明及國防工業等巨大複合式企業集團的奇異（GE）公司，多年來的經營績效、領導才能及企業文化，均受到相當的推崇，大家都好奇如何才能使世界第一大製造業的名聲，能夠長期維繫成功於不墜。

GE全球人才育成四階段

　　GE公司全球人才育成制度，大致可以區分為四個階段：

　　第一階段：係屬基層幹部儲備培訓，主要是針對新進基層人員，進行為期二年的工作績效考核計畫。以每六個月為一個循環，由被選拔出來的基層人員，自己訂出這六個月要做的某一項主題目標，然後再看六個月後是否完成此一主題目標。依此循環，二年內要完成四次的主題目標研究，其中一次，必須在海外國家完成，大部分人選擇到美國GE總公司去。至於這一些主題目標，可以是與自己工作相關或不完全相關。大部分仍是以基層的功能專長為導向，例如財務、資訊情報、營業、人事、顧客提案、商品行銷、通路結構……等為主。此階段培訓計畫稱為CLP（Commercial Leadership Program），每年從全球各公司中，選拔出2,000人接受此計畫，由各國公司負責執行。

　　第二階段：稱為MDC計畫（Manager Development Course），即

中階幹部經理人發展培訓課程計畫。每年從全球各公司的基層幹部中，挑選500人出來作為未來晉升為中階幹部的培訓計畫。培訓內容以財務、經營策略等共通的重要知識為主。

第三階段：稱為ＢＭＣ計畫（Business Management Course），即高階幹部事業經營課程培訓計畫。每年從全球各公司的中階幹部中，選拔150人出來作為未來晉升為高階幹部的培訓作業。這150人可以說是能力極強的各國精英。

第四階段：稱為ＥＤＣ計畫（Executive Development Course），即高階幹部戰略執行發展培訓計畫，每年從各國公司中，僅僅選拔出35人，作為未來各國公司最高負責人或是亞洲、歐洲、美洲等地區最高負責人之精英中的精英之培訓計畫。

此四階段計畫，如下圖所示。

這四階段可以說是有計畫的、循序漸近的、全球各國公司一體通用的，而且是全球化人力資源的宏觀培訓人才制度。

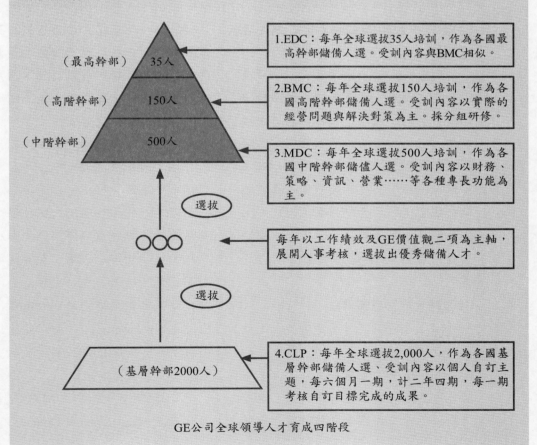

（最高幹部）35人

（高階幹部）150人

（中階幹部）500人

選拔

選拔

（基層幹部2000人）

1.EDC：每年全球選拔35人培訓，作為各國最高幹部儲備人選。受訓內容與BMC相似。

2.BMC：每年全球選拔150人培訓，作為各國高階幹部儲備人選。受訓內容以實際的經營問題與解決對策為主。採分組研修。

3.MDC：每年全球選拔500人培訓，作為各國中階幹部儲儘人選。受訓內容以財務、策略、資訊、營業……等各種專長功能為主。

每年以工作績效及GE價值觀二項為主軸，展開人事考核，選拔出優秀儲備人才。

4.CLP：每年全球選拔2,000人，作為各國基層幹部儲備人選、受訓內容以個人自訂主題，每六個月一期，計二年四期，每一期考核自訂目標完成的成果。

GE公司全球領導人才育成四階段

BMC研修課程案例

GE培訓各國公司副總經理級以上的高階主管所進行的儲備幹部研修課程，每一年舉行三次，在不同的國家舉行。2003年底最後一次的BMC研修課程，即選在日本東京舉行。此次儲備計畫，計有全球51位獲選出席參加，為期二週。行程可以說非常緊湊，不僅是被動上課而已，而且還有GE美國公司總裁親自出席，下達這次研修課程的主題為何，然後進行6個小組的分組，由各小組展開資料蒐集、顧客緊急拜訪及簡報撰寫與討論等過程，最後還要轉赴美國GE公司，向30位總公司高階經營團隊作最後完整的主題簡報，並接受詢答。最後由GE總公司總裁傑佛瑞‧伊梅特作裁示與評論。

以下是2003年底在日本東京舉行的BMC研修課程安排：

11/4	51位受訓幹部在東京六本木GE日本總公司集合，由美國GE總裁伊梅特揭示此次研修主題—— 本市場的成長戰略及做法，以及將51位予以分成6個小組，並確定各小組的研究主題。
11/5～11/7	邀請日本東芝……等大公司及大商社高階主管來演講。
11/8	赴京都、奈良、箱根觀光。
11/10	工廠見習。
11/11～11/14	各分組展開訪問顧客企業、蒐集貨料情報及小組內部討論。
11/15	各分組撰寫提案計畫內容。
11/16	週日休息。
11/17～11/19	各分組持續撰寫提案及討論。
11/20～11/21	各分組向GE日本公司各相關主題最高主管，進行第一階段的提案簡報發表大會、互動討論及修正。
11/23～11/30	51人先回到各國去。
12/1～12/2	51人再赴美國紐約州GE公司研修中心，各小組光向GE亞太區總裁作第二階段提案簡報發表大會及修正。
12/3	正式向GE美國總公司總裁及30人高階團隊作提案發表大會，並由伊梅特總裁作裁示。

GE領導人才培訓的特色

GE公司極為重視各階層幹部領導人才的培訓計畫，歸納起來，該培訓之特色，大致有以下幾點：

一、GE公司每年都花費10億美元，在全球人才育成計畫上，可以稱得上是世界第一投資經費在人才養成的跨國公司。

二、GE公司高階以上領導幹部培訓計畫，大都採取現今所面臨的經營與管理上的實際問題，以及解決對策、提案等為培訓主軸，

是一種「行動訓練」（Action Learning）導向。

三、GE公司在培訓過程中，經常採取跨國各公司人才混合編組。亦即，不區分哪一國、性別為何或專長為何，必須混合編成一組。其目的是為了培養每一個幹部的跨國團隊（Team）經營能力與合作溝通能力，而且更能客觀來看待提案簡報內容。例如，某次的BMC培訓計畫，即有日本某位金融財務專長的幹部，被配屬在「最先進尖端技術動向」這一組中，希望以財務金融觀點來看待科技議題。

四、GE公司在一開始的基層幹部選拔人才中，最重視的是二項考核項目，一項是「工作績效表現」，另一項則是「GE價值觀的實踐」。

五、GE公司的培訓計畫，係以向極限挑戰，讓各國人才潛能得以完全發揮。

六、GE公司希望從每一次各國的研修主題中，產生出GE公司的全球化經營戰略與各國地區化經營戰術。

結語──培育人才，是領導者的首要之務

GE公司總裁伊梅特語重心長的表示：「GE全球31萬名員工中，不乏臥虎藏龍的優秀人才，但重要的是，必須有系統、有計畫的引導出來，然後給予適當的四大階段育才培訓計畫，就可以培養出各國公司優秀卓越的領導人才。然後GE全球化成長發展，就可以生生不息。」

發掘人才，育成領導人才，GE成為全球第一大製造公司，正是一個最成功的典範實例。

〈案例10-2〉

IBM全球人才訓練方式再創革新

(1)2010年七月，華盛頓特區。

IBM董事長、總裁暨執行長帕米沙諾（Sam Palmisano）一身標準IBM裝扮──白襯衫、深色西裝打條領帶，站上「全球領導論壇」舞台，宣布IBM的領導培訓，將有突破傳統的做法。

(2)IBM將從全球三十五萬員工中，徵選一百名精銳，但卻不是集合到總部訓練中心上課，而是編成小組，分派到羅馬尼亞、土耳其、越南、菲律賓、迦納、與坦尚尼亞六個落後或新興市場國家。這些IBM的年輕人將與各地國際非營利組織合作，一起幫助這些落後地區解決問

題，例如教婦女用電腦、幫中小企業提升效率。他們是IBM第一屆企業服務部隊（Corporate Service Corps）。

(3)過去IBM到主管級才以外派方式養成國際歷練。這過程現在看來太慢、數量太少，多是一個、兩個單獨派到先進、成熟的國家。現在，李陶指出，要用團隊方式，「讓更多員工、在生涯更早期就累積國際歷練。」而且，每位入選的員工要花近半年的時間學習、參與企業服務部隊。計畫三年內要培訓六百名，等於為IBM快速累積新興市場經驗。

(4)但是，如果仔細分析，會發現被喻為「美國國寶」的IBM，現在三分之二的營收其實來自美國以外的市場，尤其是新興市場。數字會說話。這些數字不但反映新興市場對今天的IBM的貢獻，更指出IBM未來的方向。

(5)IDC研究指出，從2010到2015年，美國資訊採購金額只會成長五%，但是金磚四國加上俄羅斯、土

耳其、越南、阿根廷等十三個新興市場，將成長超過一二%，達八百三十億美元。

換句話說，抓緊新興市場，IBM的營收就有機會成長一倍。這是極具誘惑的機會，也是極大的挑戰。

但是，只有靠少數的高階主管跑，絕對不夠。IBM必須加倍動員，朝新興市場邁進。

(6)更重要的是，IBM內部則用企業服務部隊計畫，快速激發、擴散上上下下的新興市場意識。

帕米沙諾公布企業服務部隊的培訓領導計畫後，IBM花了八個月的時間、從超過五千五百件申請中，挑選出一百名，激烈競爭。

六十六年次的陳品蓉，政大畢業後到美國匹茲堡大學念電腦碩士，今年三十一歲，加入IBM不過四年，是第一批企業服務部隊中唯一的台灣人。她即將與美國、日本、澳洲、印度、委內瑞拉等地的同事組成一個團隊去羅馬尼亞。

（資料來源：盧昭燕，天下雜誌，2010年6月3日）

〈案例10-3〉

諾基亞全球裁員1700人

由於全球景氣低迷削弱手機需求，全球手機龍頭諾基亞周二表示，

將於未來幾個月在全球裁減1,700名員工，以協助降低成本。

諾基亞表示，裁員將影響數個部

門，除了手機部門外，還包括行銷部門、企業開發辦公室和全球支援部門。本次裁員中，芬蘭的員工最多將裁減700名。據報導，諾基亞目前全球員工人數將近13萬人。

據報導，今年全球手機市場預估將衰退10%，由於消費者縮減支出，和手機供應商企圖出清存貨等因素。市調機構顧能（Gartner）上周表示，去年第四季全球手機銷量較去年同期萎縮5%，銷量為3.15億支，並預測需求減弱的趨勢將持續到明年。

（資料來源：工商時報，2011年3月18日）

〈案例10-4〉

頂新康師傅校園募人才，儲備中國市場之用

(1)魏應充率領台灣味全的一級主管，展開年度校園招募活動，第一站到台大。今年招募對象，涵蓋研發、財務與行銷等各部門，將招募逾20名以上的新進幹部。

(2)趕在這波金融風暴，魏應充親自到校園與學生面對面接觸，希望把有意以外商為第一選擇的優秀學子，全部吸引到味全跟頂新集團來，進而加速頂新集團的發展與版圖擴充，同時因應全球化的競爭。

魏應充以味全與頂新集團的營運表現、長期發展願景做為吸引人才的「牛肉」。他表示，去年頂新集團合併營收約達人民幣480億元，其中台灣營收成長12%、獲利成長一倍；大陸營收成長33%，利潤成長七成；他預估今年集團營收至少突破人民幣500億元，獲利也會比去年更好。

(3)魏應充說，過去外界關注的焦點都放在科技產業，覺得食品產業等傳統產業沒有未來，這是不對的，特別是大中華經濟圈的形成，是千載難逢的機會。他以可口可樂市值超過100億美元、雀巢達1,267億美元為例，味全加上康師傅的市值不到70億美元，要向兩大巨頭看齊。

(4)魏應充強調，頂新集團的版圖涵蓋食品、通路、配套、食糧、餐飲等各方面，食品已是大陸方便麵、即飲茶、包裝水的三冠王；通路事業有全家；餐飲版圖的德克士，今年有機會突破1,000家，預計兩年內打敗麥當勞成為大陸第二大連鎖餐飲業者，「集團版圖很大，任你發揮」。

（資料來源：經濟日報，2011年4月2日）

本章習題

1. 請說明全球化企業管理當地人的四種不同管理心態為何？

2. 請說明影響外派人員或當地人才的因素為何？

3. 請說明由海外總公司派遣人員赴當地的優點及缺點有那些？

4. 請說明當地人才晉用趨勢漸成主流之原因何在？

5. 試說明理想的外派人員應具備那些特質？

6. 試圖示全球派任流程為何？

7. 試說明派赴人才的訓練內容為何？

8. 試說明高效能全球經理人應具備那七種能力？

9. 試說明傑出國際談判人才的條件為何？

10. 試說明海外派遣失敗的原因何在？

第11章

國際採購管理

學習目標

第1節　國際採購管理之探討

一、為何進行海外採購（Offshare Procurement Outsourcing）

跨國大企業為何在海外進行全球採購，主因有三：

1. 主要為成本較低因素，尋求較低成本的零組件來源，以增強在全球市場的銷售價格競爭力。因為美國、日本、歐洲當地生產的零組件及半成品或完成品均比開發中國家（如台灣、中國大陸、韓國、泰國等）成本還要高很多，因此進口是較划算的。
2. 其次是品質水準，在中低層次產品，這些國家的品質水準已慢慢跟上來，不會太差，可滿足基本品質水準要求。
3. 另外在R&D（研發）與design（設計）能力已達到一般水準以上。

二、國際IPO選擇合作夥伴考慮因素

根據經濟部資訊工業發展推動小組，在2009年對在台外商IPO（國際採購中心）選擇合作夥伴的考慮因素之調查，排名前十大項目，依序如下：

1. 品質：佔16.8%
2. 價格：佔12.5%
3. 彈性：佔10.9%
4. 生產配送時間：佔10.9%
5. 產業知名度：佔10.2%
6. 商譽：佔9.5%
7. 服務：佔7.9%
8. 產品開發速度：佔7.3%
9. 管理團隊：佔5.2%
10. 付款條件：佔2.9%

三、採購來源方式（合約／非合約方式）

一般來說，跨國大企業在全球採購來源方式，就合約簽訂與否，大致區分為二種類型：

1. 合約式長期採購供貨：
(1)OEM Contract（原廠委託代工製造）。
(2)ODM Contract（原廠設計代工製造，original design manufacture）。
2. 非合約式機動採購供貨（只開出L/C信用狀，不定期的開出）。

四、出貨方式（地點）

對台商而言，目前為因應海外顧客要求，在出貨地點方面，已力求全面縮短時間。因此出貨地點也日益多元化及靠近顧客處，而不是只有鎖定在台灣而已，而且隨著台商西進大陸日益增多，很多廠商出現「在台灣接單，但大陸出貨」的模式。

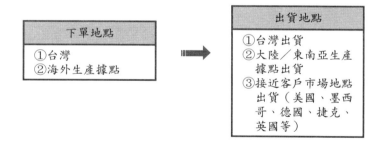

五、全球化企業採購規劃（Global Sourcing）的基本模式

一個完整的全球化企業採購規劃，大致可以區分為「權益式」與「非權益式」二種規劃模式。

1. 非權益式規劃（non-equity outsourcing）
不採取自己投資設廠供應方式，而是用買的。

(1)用OEM/ODM合約製造；
(2)用技術授權合約製造。

2. 權益式規劃（equity outsourcing）

採用自己投資設廠，自己供應，而不對外用買的。

(1)在海外獨資或合資設廠製造供貨

(2)在海外併購（M&A）供貨

3. 來源地

有國內及國外之區分。

(1)國內（domestic）

(2)國外（foreign）

六、全球採購策略的類型

跨國全球性企業的市場是全球性的，因此其採購及生產製造，也必是非常多元化的。一般來說，全球化企業的採購類型，大致可為如下圖所示的兩大方式來進行：

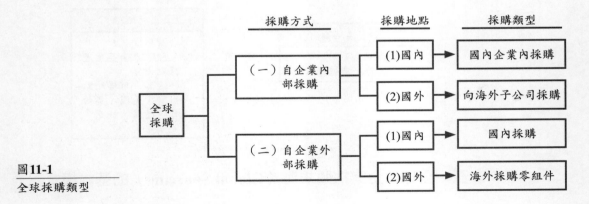

圖11-1
全球採購類型

　　其一，即是來自母公司或海外子公司的內部交易（Internal basis）；其二，即是來自獨立供應商的「契約交易」（contractual basis）。

七、全球採購考慮要素

企業在全球規模上發展採購策略時，考慮的因素要包括：

1. 製造成本
2. 供貨速度
3. 供貨足夠的量
4. 各種資源的成本
5. 匯率的變動
6. 供貨品質的穩定性
7. 產業與文化環境
8. 與當地國政府共事的難易程度
9. 供貨商數量的多寡
10. 全球運籌供貨制度
11. 存貨管理
12. 地理距離
13. 顧客的需求條件滿足
14. 當地國的基礎建設
15. 當地國的產業政策與法令規定

八、各國IPO在台人員的工作任務

全球跨國企業IPO在台人員或所聘雇的本地人員，其最主要的工作任務包括：

1. 尋找更好條件的供貨來源（優先供貨、好價錢、好品質）。
2. 出貨Q.C（品管）與push準時出貨。
3. 與供貨廠維持良好的人際關係。
4. 條件（價格、數量……）談判。
5. 反應當地市場資訊情報給總公司。
6. 執行／達成總公司對當地IPO的年度採購預算目標（含採購量、採購價格及採購總額）。

九、跨國企業「採購策略」的變化趨勢

1. **外部採購（生產外包）日益發展：自己不設工廠，專責設計與行銷**
   現在，有些跨國公司已不再從事嚴格意義上的生產活動，而是將自己

的資源專注於新產品的開發、設計和銷售。如，Nike球鞋公司本身沒有工廠，7,800多名職員專門負責設計、監製和銷售，生產由分散在世界的40多家合同製造商，僱用75,000人來完成，然後貼上自己的名牌商標進行銷售。GE公司每年銷售600萬台微波爐都不是自己生產的。據統計，營業額在5,000萬美元以上的大公司普遍開展了業務外包，1998年這些公司的業務外包規模已達2,350億美元。

2. 採購活動集中化

有些跨國公司在中國設立了專門的採購中心，統一負責採購業務。已有30多家跨國公司表示要到深圳設立採購中心。通用電氣、惠普、奧林巴斯、摩托羅拉、戴爾、IBM、柯達等跨國公司近期紛紛宣布在中國設立採購中心。目前，索尼、住友、三洋電機等多家日本跨國公司也有類似的意圖。美國Wal-Mart沃爾瑪的全球採購中心2002年底從香港地區搬到深圳；家樂福不僅在上海設立全球採購中心，而且2003年已建立10個區域性全球採購中心。

3. 國際供貨來源的選擇：全球化採購

貿易自由化的直接結果是，資源在各國之間的轉移更加便捷，跨國公司生產活動的區域佈局更加符合各個國家的區位比較優勢，而其採購活動也表現為全球化的採購，即企業以全球市場為選擇範圍，尋找最合適的供貨商，而不是局限於某一地區。

第2節　案例

〈案例11-1〉

Sony縮減上游供應商，年省53億美元

(1)日本家電、娛樂大廠索尼（Sony）周四宣布，將在明年底前把零件和材料供應商的數目減少一半以上，未來整個集團將透過聯合採購以量制價，預計2011會計年度（今年4月起）至少可因此省下5,000億日圓（53億美元）的採購成本，有助公司早日轉虧為盈。

(2)索尼旗下的各個部門與子公司，在採購上原本各自為政，但該公司上個月成立一個新的部門，未來將由該部門統一採購事宜，原本2,500家的供應商，將在明年減為1,200家，

索尼本周也已經這項訊息告知供應商。

(3)索尼發言人今田（Mami Imad）周四表示，供應商減半再搭配聯合採購，可有效提高每家供應商的平均接單量，有助公司談到更低的價格。索尼估計，今年度的採購成本可望降至2兆日圓上下，較去年度的2.5兆日圓減少20%。

(4)過去享有極大採購自由的電玩子公司索尼電腦娛樂（SCE），也將納入聯合採購之列。索尼目前急於統一平面電視及其他數位產品零件規格，因這些商品的獲利程度，多半取決於半導體等零組件成本。

(5)對索尼而言，減少供應商比裁員或刪減其他成本來得重要，而這項計費更凸顯索尼旗下各部門有必要同心協力。史特林格認為，索尼各單位間往往溝通不良，並暗指它們的領域性太強。

市場預期，未來將有更多的日本電子、家電製造業加入此一行列，將透過縮減供應商數目與其他相關措施降低採購成本。

（資料來源：工商時報，2011年5月22日）

本章習題

1. 請討論企業為何進行海外採購？
2. 國際IPO選擇合作夥伴的考量因素為何？
3. 試說明國際採購來源方式有那些？
4. 試說明全球化企業採購規劃的基本模式有那些？
5. 試圖示全球採購類型有那些？
6. 試說明各國IPO採購人員在台的工作任務為何？

第12章

全球生產策略與全球研發策略

第1節　全球生產策略

一、生產策略與競爭優勢

一個有效率、協調及整合的全球生產及運籌體系，對全球化產業是一個很重要的競爭優勢來源。

具有協調性全球生產的機制，將能提供(1)「成本優勢」；(2)「生產彈性優勢」及(3)「市場回應優勢」等三種競爭優勢，而獲得國外OEM大顧客的持續性年度訂單合約，而提供該企業迅速擴張成長的極佳契機。

有關於外部運籌的附加價值來源，將包括以下三項：

1. **地點**：生產地點將更接近方便於顧客，例如Dell電腦公司要求OEM廠商在各地設立發貨倉庫據點。
2. **時間**：滿足顧客需求的有效生產時間及運送時間。
3. **資訊**：對顧客提供各式的資訊情報，包括產品、市場、價格、成本與競爭分析。

二、全球生產策略應考量事項

有關全球生產策略之重要事宜，包括：

1. 分析全球各地應該設有多少工廠，及設於哪些地區。這些必須考量到成本、風險、報酬率、政府法令以及海外顧客的特別需求條件配合等因素。
2. 海外工廠的角色扮演，以及*海外工廠之間*（inter-plant）的關係安排，包括專業化生產或整合性生產等。

   (1)為不同的海外市場，生產相似的產品。
   (2)為相似的海外市場，生產不具彼此競爭性的產品。
   (3)專注零組件生產，然後在別處組裝。

3. 跨國採購政策（零組件、原物料）：
   有三種採購政策，包括：

(1)總公司集中式採購（例如台北採購總部）。

(2)海外子公司採購（例如中國上海子公司採購）。

(3)部份集中式採購（台北總部及上海子公司均可執行採購）。

三、「全球生產策略」型態之實證研究

學者Dicken（1998）曾對全球生產的網路關係，做一實證研究。Dicken提出生產價值鏈（Production value chain），如下圖所示：

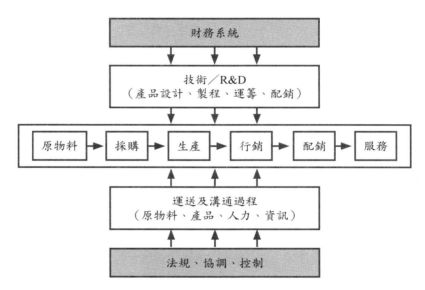

圖12-1

生產價值鏈

資料來源：Dicken, 1998

Dicken（1998）研究提出四種生產策略型式：

1. 全球集中式生產（globally concentrated production）（即一地生產，全球行銷）

此種模式，即是將所有的生產活動集中在一個或少數的生產地點，然後供應給全球各地市場。如下圖示。台商資訊電腦大廠，其實大部份採取此種模式。例如廣達、仁寶、鴻海、英業達、明碁電通、華碩等大廠，其生產據點大致以台灣及中國大陸長江三角洲（上海、昆山、蘇州）等重要據點為主。台灣以生產高階資訊產品為主，大陸長江三角洲則以中低階資訊產品為主。另外，再如台灣台積電公司的晶圓代工廠，亦集中在新竹及台南科學園區為主。較不具競爭力的八吋晶圓廠則將移到上海生產。

案例：英業達電腦廠

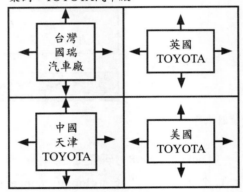

2. 當地國生產（host market production），供應給當地國使用

一種更為普遍常見的模式，即分散在各當地國生產，而且銷售給當地國，其生產規模並不需太大，但生產據點可能很多，如下圖示。例如日本TOYOTA汽車廠或美國福特汽車廠等，在當地國的生產，大都以供應當地國市場為主。

案例：TOYOTA汽車廠

台灣 國瑞 汽車廠	英國 TOYOTA
中國 天津 TOYOTA	美國 TOYOTA

3. 產品專業生產，提供全球或區域市塌（product specialization for a global or regional market）

此種常見於歐盟國家（EU），亦即每個工廠專業生產少數產品，但提供給較大的鄰近市場。而且在不同的國家，亦設立多個據點。如下圖示。例如德國賓士轎車廠以提供歐盟國家為主。

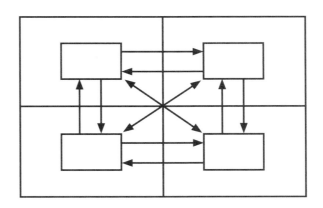

4. 跨國垂直整合生產（transnational vertical integration of production）

　(1)如下圖示，每個生產據點，依序生產零組件，然後轉站給下一個
　　工廠據點，最後再予組裝。此狀況較少出現。

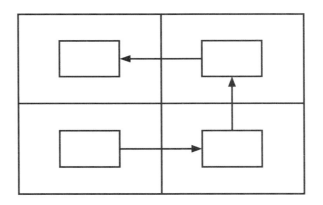

　(2)如下圖示，同時在多個生產據點，將生產好的零件組，轉送到組
　　裝工廠。

案例：Dell電腦

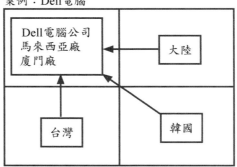

另外，本書作者個人，再提供實務上的二種生產策略模式。

5. 一地研發、三地生產、全球行銷（台灣鴻海精密公司模式）

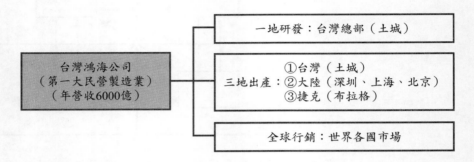

6. 高階產品在母國生產，中低階產品在開發中國家生產

案例：飛利浦電鬍刀

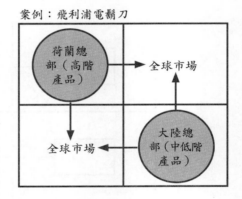

四、海外生產據點之「決定因素」

（一）Dunning的研究：五種決定因素

學者Dunning（1980）提出五項海外直接投資生產據點的考量因素：

1. 市場因素：規模、成長性、競爭程度及需求程度等。

2. 資源因素：原物料及零組件來源的有效性、及技能勞工的可獲得性。

3. 生產成本：勞工及生產力、原物料、運輸、能源、貨幣匯率等成本因素。

4. 政治情況：當地國政府對海外投資者的態度，例如稅賦獎勵、關稅獎勵、所有權獎勵以及政治經濟穩定性。另外，官僚體系與官員對外人投資的干預程度。

5. 文化、習俗、商業習慣、語言、宗教、思想、工作態度等。

上述這些因素對每個產業自然有所不同，須看每個不同的生產型態而定。

Dunning（1993）研究又提出，在生產專屬地點優勢的考量上，可以區分為六種國際生產的型式：

1. 自然資源尋求的生產據點（natural resource seeking）。
2. 市場尋求的生產據點（market seeking）。
3. 產品與製程效率尋求的生產據點（efficiency seeking）。
4. 策略性資產尋求的生產據點（Strategic assets）。
5. 貿易與配銷尋求的生產據點（trade and distribution）。
6. 主要顧客服務尋求的生產據點（support services）。

（二）Dicken（1998）的研究：三種海外生產模式取向

學者Dicken認為海外直接投資的生產模式，可以區分為三種取向：

1. 市場取向的生產（market-oriented production，即顧客取向）：亦即主要市場或顧客在那裡，海外工廠就在那裡生產配合。
2. 供應資源取向的生產（supply-oriented production）：亦即將主要供應資源視為工廠設立的考量。
3. 成本取向的生產（cost-oriented production）：亦即考量最低的勞力、土地與製造費用所在的地點。

（三）地點在哪裡

除了上述分析外，地點決策還必須考量：

1. 設立在哪一個洲？是亞洲、歐洲、北美洲、中南美洲、澳紐、中東、俄羅斯？

2. 設立在哪一個國家？是亞洲的中國、台灣、香港、新加坡、南韓、泰國、日本、印度、越南、泰國、馬來西亞？

3. 設在哪一個城市？是中國的上海、昆山、蘇州、廈門、深圳、北京、天津、珠海、青島、寧波或重慶？

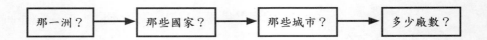

五、全球「集中」或「分散式」製造決策因素

學者Charles W.L.Hill（2001）認為對設廠據點，有二種不同的決策：一是集中性（concentrated），亦即生產據點只設立在適當的若干據點，而行銷全球市場。二是分散性（decentralized）。亦即生產據點散布在各個市場的國家，並且供應給當地市場或區域性市場。而選擇哪一種決策，則端視三類要素而定，如下表所示：

表12-1
全球集中或分散生
產決策因素

三種決策因素	生產決策	
	集中式	分散式
（一）國家因素		
1.政經差異性	實質的	較少的
2.文化差異性	實質的	較少的
3.要素成本差異性	實質的	較少的
4.貿易障礙	較少的	較多的
（二）科技因素		
1.固定成本	高的	低的
2.最低規模經濟量	高的	低的
3.彈性生產技術	可行的	不可行的
（三）產品因素		
1.服務全球需求	是	否

資料來源：Charles W.L.Hill (2001), International Business, p.511.

如上表所示，適合採取「分散式」製造策略之狀況為：（例如TOYOTA汽車廠，在全球十個國家設有在地公司）

1. 不同國家之間，有不同的要素成本、不同政經體系及不同的文化風俗，而此對生產成本並不會造成太大的影響。

2. 貿易障礙是較高的，故要採取分散生產策略。

3. 匯率的變動是可預期的。

4. 生產技術擁有較低的固定成本、較低的規模生產量及集中少數據點彈性生產是不太可行的，故要分散生產。

5. 產品並不做全球行銷市場之用，只供當地或區域性市場，故可採取分割生產，例如汽車生產、日用品生產、速食連鎖等。

另外，整理目前台商到中國大陸長江三角洲投資的主要原因，如下表：

表12-2
台商赴長江三角洲
投資原因

公司	大陸據點	成立時間	選擇據點主要原因
1.捷安特	昆山	1992年	・接近上海廣大的內銷市場。
2.統一食品	蘇州	1993年	・接近華東廣大內銷市場。
3.大同電腦	吳江	2000年	・人力資源便宜、充裕，肯吃苦耐勞。 ・配套廠商均在附近。
4.敬鵬	蘇州	1998年	・人力資源充沛。 ・顧客都到此地，不來不行了。
5.國巨	蘇州	1998年	・國際手機大廠已移到此，國巨是零組件供應商，不得不來，必須跟客戶走。
6.華宇電腦	吳江	2000年	・交通發達，人貨暢流。 ・供應鏈的配套廠商均已在此成型。 ・當地政府配合高。

第2節　全球研發策略

一、跨國企業在大陸設立研發機構之原因

綜合歸納，以下五點是跨國企業在大陸設立研發機構的主要動機：

1. 打開大陸內銷市場

大陸高科技市場是一塊待開發的處女地，但高科技產品要行銷大陸首

先面臨的就是中文的問題，因此迫切需要中文化介面的開發，這就必須仰賴大陸高科技人才。因此，為了打開大陸內銷市場，跨國企業紛紛在大陸設立研發機構，希望開發出適應中文化環境的產品。

2. 開發出符合本地需求的產品

許多跨國企業將國外產品賣到大陸，發現不僅溝通上有語言的障礙，在產品的認知、使用習性、偏好等，也造成國內外的差異，因此，如何開發出符合本地需求的產品，成為跨國企業能否成功進軍大陸市場的關鍵。也因此，跨國企業紛紛在大陸設立研發機構，從事商品本地化的研究開發工作。

3. 尋求高素質、成本相對較低的研究開發資源人才

許多跨國企業經由在大陸投資設廠的過程，發現大陸擁有許多優秀又便宜的高素質人才，透過這些人才，跨國企業不僅能從事商品本土化的開發工作，也能以全球化的戰略眼光，從事全球化商品的研發工作。

4. 跨國企業之間互相競爭（輸人不輸陣）

跨國企業之間，只要同業某一公司在大陸設立了研發機構，其他公司為了輸人不輸陣，彼此互相競爭攀比的結果，帶動了其他跨國企業設立研發機構的行動計畫。

5. 跨國公司的終極目標是將在中國的生產製造、研發和營運銷售與其全球網絡接軌，實現一體化營運

跨國公司在中國投資研發中心是其全球戰略的一部分，僅僅向中國出口和銷售產品，抑或在中國建立生產製造中心不足以滿足跨國公司的最新全球戰略。換言之，跨國公司的終極目標是將在中國的生產製造、研發和營運銷售與其全球網絡接軌，實現一體化營運。

二、設立研發機構之方式

一般而言，跨國企業在大陸投資研發機構的方式，有以下二種：

1. 成立獨立法人或非獨立法人的研發機構

自1995年開始，部分跨國機構開始掀起在大陸設立研發機構的風潮，到了1996年，此一投資熱潮更是達到高峰，並成為跨國企業在大陸投資的首要目標，以此作為研發公司中長期發展所需關鍵技術的核心基地。這些研發機構一般由跨國企業研發總部進行管理，在大陸成立的控

股公司則全力支援此一研發機構。一般而言，它與跨國企業總部聯繫密切，而與跨國企業在當地的其他部門關係較疏遠，其決策大都由最高領導者拍板定案。

2. 與大陸的高校、科研機構合作進行研究開發

透過此一方式可以降低研發成本，但同時可以達到跨國企業想達到的成果。跨國企業在技術研發上採取開放策略，盡可能利用外界、學界的資源，將研發專案以分包、合作的方式進行。例如：在高校建立培訓中心、聯合研究中心，進行專案委託。

三、北京、上海與廣東是首選地區

目前跨國企業在大陸設立研發機構的首選地區，是北京及上海。以國別來看，美國最多，其次為歐洲及日本，主要從事軟體、通訊、生物、化工及汽車等高科技領域的研發工作。其中比較有名的有：IBM中國研究中心、微軟中國研究院、通用汽車研究中心、諾基亞（中國）技術中心、松下（中國）有限公司研究開發部、寶潔（中國）研究中心、愛立信（易立信）研究開發中心、富士通研究中心有限公司、朗訊科技有限公司、摩托羅拉計算所聯合實驗室、英特爾、惠普公司、德爾福—清華汽車研究所……等。

跨國企業設立研發機構一般都選擇在創新活躍的的國際性城市，例如：美國的矽谷、波士頓、奧斯汀、西雅圖等，在亞洲則主要是東京、新加坡、印度的班加羅爾、北京及上海等地。

跨國企業在大陸設立的研發機構，主要集中在北京和上海這兩個城市，北京主要吸引了電腦、軟體、通信領域的投資，上海則以吸引化工、汽車、醫藥領域的R&D投資為主。目前，在北京的研發投資機構大多為跨國企業自發設立，在上海的研發投資機構則大多為上海相關單位，主動針對跨國企業進行招商引資。北京對跨國公司設立研發機構的優勢，在於中關村附近的大學院校及高素質的人才。

三大因素選擇北京、上海及廣東為研發中心原因

有三大因素促成跨國公司研發中心選擇京、滬、粵三地：第一，京、滬、粵分別是中國大陸沿渤海、長江三角洲、珠江三角洲三大經濟圈的龍頭城市和地區，市場空間大，並能以此為中心向周邊地區輻射；第

二，三地的科技資源居全國之首；第三，跨國公司在三地均有多年的投資項目，研發基礎好。

四、日本豐田汽車公司在全球之研發與生產據點

日本TOYOTA（豐田）汽車公司為亞洲第一大汽車廠，亦為全球第五大汽車廠，其經營規模及營運績效，均為日本企業之卓越典範。

（一）日本TOYOTA新產品研發流程

日本TOYOTA新款汽車之研發設計流程，大致如下表：

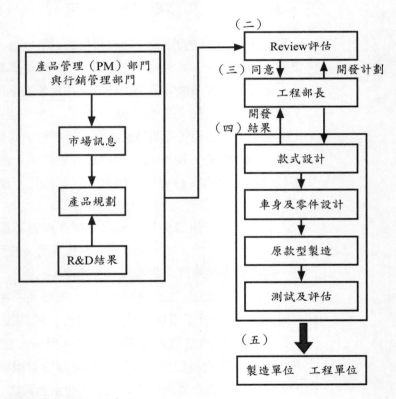

資料來源：日本TOYOTA官方網站

（二）豐田汽車公司在全球R&D據點

1. 日本

總部技研中心、富士山技研中心、總部中心基礎研究所等三個。

2. 歐洲

TIME技術中心（Technical Center）：

(1)比利時：布魯塞爾（Belgium）。
(2)英國：德比（Derby）。
(3)德國：凱偏（Kerpen）。

3. 美國

TOYOTA美國技術中心：

(1)密西根州的匹茲堡。
(2)加州：Torrance, Garden-da。
(3)亞利桑那州：Wittman。
(4)華盛頓D.C（華府）。

4. 加拿大

(1)TOYOTA加拿大研發中心

五、今年14家外商來台設立「研發中心」

產業別	來台廠商
資通訊	IBM、微軟、惠普等
半導體	IMEC、ASML、TEL、爾必達等
光電	康寧等
機械	西門子等
綠能	日立等

資料來源：經濟部

第3節　案例

〈案例12-1〉

保持成長的終極密碼P&G—全球研發委外、加速產品創新

2005年1月宣布，9月才獲准，美國P&G（寶鹼）公司併購了在男性日常用品非常知名的吉列（Gillette）公司。該項併購交易是以股票互換模式，併購金額達570億美元之鉅。經此項收購案後，P&G公司的年營收額將可達618億美元，大大超過了原來居世界第一位的聯合利華（Unilever）公司，而躍居為世界最大的日用品公司。

併購策略，擴大客層版圖

除了營收額規模的擴大，並拉開與主力競爭對手的差距之外，P&G公司主要的目的還有二個：

第一是，P&G過去是以家庭用品、紙用品、生理用品及化妝美容用品（SKII）等為主軸，但在男性產品上，就顯得力有未逮。因此，專門以刮鬍刀等男性用品為主力的吉列（Gillette）公司，自然就成為收購的首選，收購吉列公司後，就行銷的意義而言，就是使產品組合（Product mix）更為充實完整，並且有效且快速擴大了另一半男性客層的市場版圖，就此點而言，其意義是十分重大非凡的。

第二是，P&G此次不只是買下了吉列公司，同時也買下了研發技術的know-how。過去長久以來，P&G大都是依賴自己研發團隊及研發貨源，如今能夠結合並利用其他公司的研發力量，這也正代表著P&G公司研究開發與技術政策的大改變。

技術委外，加速產品開發力

P&G公司全球有7500名研發技術人員，每年R&D投入費用高達18億美元之多。P&G公司過去以來，不斷開發出優質的產品，都是靠背後無名英雄的技術。因此，P&G除了以「行銷」為知名外，「技術」其實也是支撐P&G今日世界第一地位不可欠缺的力量。

自2001年起，在P&G執行長拉富雷（A.G.. Lafley）決心帶動下，P&G開始大幅轉變研發的政策，以積極的態度及做法，大幅引進外部的技術、取得外部技術、運用外部科技人力，擺脫過去只靠自己研發部門的策略性大改變。拉富雷執行長開始提出「C&D戰略」（connect & out develop）。意指以自己公司的智產權為基礎，大量結合外部公司或外

部工作室的資材與技術資源，為二合一的組合聯結（Connect）;然後開發出更多、更好、及更新的優質產品（develop）。自從C&D企業戰略落實推動之後，P&G公司透過外部技術取得而開發出的新產品，已高達100個之多。目前已占全公司新產品總數的30%，未來很可能進一步提升到50%，此代表著外部技術與研發力量，支持著P&G公司成長力道的一半之大，其影響力十足明顯。

不過，外界均好奇，為什麼像P&G這麼巨大的全球化企業，還需要仰賴外部來源的研發與技術呢？負責P&G技術部門的副總經理拉利·休斯頓坦然表示：「公司內部的技術能力，已經無法面對成熟市場產品大幅度創新的可能性了。這是內部化能力的侷限。P&G科技研究人員雖然高達7500人之多，但是與全世界相比，跟P&G事業領域相關的科研人員，根據我們估計，全球大概有高達150萬人之多。他們都是很好的技術創新來源，他們都有不同於P&G技術人員的專長領域，為什麼不好好運用相當於這200倍於P&G技術人力的科技人才呢？」

事實上，P&G公司早已深刻體會到，如果在日用品這種成熟市場中，繼續研究開發下去，將會是條死胡同。實際已證明，如此的做法，不僅新商品上市風險高，也浪費了不少的研發經費，獲利更不會得到成長。

自2001年起，用P&G技術與研發「外部化」（externalization）的結果，顯示P&G的每年研發費仍維持過去的水準，但研發費用占營收額的比例，卻呈現穩定的下降趨勢。過去，在2000年時，此比例最高是4.7%，到了2004年已降到2.5%。總結而言，P&G技術委外的成果就是，在一定的R&D經費下，公司的營收保持年年成長，而獲利也不斷上升高。可以說這是一個成功的「技術委外」（outsourcing）的政策。

產品創新是成長的重要支撐

其實，早在2001年，P&G執行長拉富雷要推動C&D策略之時，即引發內部研發技術人員的大力反彈及不滿，他們總拿：「以P&G公司組織的巨大及優良，難道還會不如外面的人嗎？那是不是也承認了P&G的技術不行了呢？」以此作為反對的藉口。

可是，有膽識與魄力的拉富雷執行長卻不為所動，也不改變堅定的信念，他決意告別過去數十年來，100%仰賴自我研發部門與人力的政策。拉富雷曾意志堅定地表示：「P&G公司並不在乎這個產品是誰開發出來的，是內部也好，是外部也罷，只要是對公司最終營收及獲利都有貢獻的，這就是P&G所要的。一切皆以P&G的公司利益來決定。」

面對股東大眾及法人投資機構要求成長的聲音，過去十年來，P&G公司的年平均獲利額成長，均達到12%的高成長卓越績效表現。被譽為是長期以來，全世界最優良的日用品第一大公司。

P&G公司年營收額達618億美元，每成長5%，即代表著要增加35億美元的營收，這個數據對任何一位CEO領導者的壓力都很大。拉富雷執行長即表示：「面對激烈競爭與成熟飽和的日用品市場，以及在每年相同產品，其價格大部分都不斷呈現下滑的狀況下，對新產品的投入開發與既有產品的持續改良，都是支撐未來成長所不可欠缺的重要關鍵所在。因此，P&G過去三、四年來，大力向世界各國各地區公開募集創新的技術、獨特的研究開發及其市場潛力的新產品構想等基本政策，仍將會擴大持續下去。」

雖然P&G已位居世界第一大日用品公司，但為了保持他在產業與市場上的持續性競爭優勢與領導地位，P&G仍然積極且有效地透過策略性綜效併購方式；以及技術與研發外部化政策，大舉利用分布在全球150萬名各國豐厚的技術人才寶庫，來壯大及充實自身的產品開發與技術創新能力。這就是P&G能夠維持營收及獲利年年成長的終極密碼所在。

本章習題

1. 請說明全球生產策略應考量事項？
2. 請說明Dicken（1998）提出的四種生產策略型式？
3. 請說明Dunning（1980）提出五項海外生產考量因素？
4. 請說明Dicken（1998）三種海外生產模式取向為何？
5. 請說明適合採取分散式製造策略之狀況為何？
6. 請說明跨國企業在大陸設立研發機構的主要動機為何？
7. 請說明跨國企業在大陸投資研發機構的方式有哪些？

第13章

國際財務策略

學習目標

國內與跨國財務管理之差異，主要有下列六點：

1. **貨幣表示不同**：海外公司財務報表須用當地國家的通貨表示。
2. **法律內容不同**：國內外所適用之稅法、證券期貨交易法、公平法、投資獎勵法、商業法、公司法等有所不同（包括稅率、提撥百分比、增資規定、抵稅規定、獎勵規定）。
3. **資金來源不同**：資金取得來源將是國際化的。（包括紐約、倫敦、東京、香港、新加坡、法蘭克福、上海、Nasdaq、巴黎、北京等金融市場）。
4. **匯兌風險**：當地國貨幣貶值時。
5. **政治風險**：軍事政變與軍事對抗時的禁止匯出利潤、凍結資產、收歸國有。
6. **財務操作**：更加多元化、靈活化、複雜化（總公司與各海外子公司間），難度及時效度加高加快許多，比國內財務管理更升高層次。

第1節　跨國資金來源方式與公開上市

一、企業國際化（海外投資）資金來源方式

企業進行國際化發展，「資金供應」是一項重要的事情，一般來說，企業國際化資金來源方式，大致可歸納如下：

1. **取自國內管道**
   (1)國內銀行貸款（或聯貸）。
   (2)國內證券市場：①現金增資；②盈餘轉增資；③發行公司債或可轉換公司債。
   (3)國內關係企業參與投資。
   (4)國內大股東私人投資。
2. **取自國外管道**
   (1)國外銀行貸款（大型投資時，可採取銀行聯貸方式。）
   　　（國外銀行貸款可由台灣母公司以自身的信用、擔保品為國外子公司、分公司做擔保，以取得貸款，此稱母子公司共同貸款額

　度。）

(2)國外證券市場與債券市場（在海外申請公開上市或發行公司
　債）。

(3)國外商業票券市場（短期資金）。

3. 取捨條件標準

(1)誰的利率成本低？

(2)誰的年限長？

(3)誰的額度大？

(4)誰的溢價發行價值高？

(5)對公司財務結構（資本與負債比例）的影響？

(6)外幣匯兌風險的程度？

(7)作業的簡易性與複雜性？

上述這些資金來源，一般實務上，可以用組合方式運用，並不是單一
來源。

二、首次公開上市（Initial Public Offering, IPO）

（一）各上市地點比較

跨國企業赴美國紐約證券市場（NYSE）及那史達克（Nasdaq）上
市，或在香港上市、東京上市、新加坡上市、倫敦上市及上海上市等，也
是海外公開募集資本的一種常見方式。茲比較在各地公開上市之優缺點如
下：

表13-1
主要上市地區優缺
點比較

	優點	缺點	其他因素
（一）香港掛牌	・世界第9大資本市場； ・相較於美國掛牌，成本較低； ・進入亞洲市場及主要的投資者； ・接近自己的市場，品牌知名度高。	・聲望及可見度較美國低； ・較低轉現率； ・投資者少； ・操控於財務或地產公司。	無台灣公司掛牌，13家媒體公司，8%為外國公司

	優點	缺點	其他因素
（二）NASDAQ 掛牌	・多轉投資者； ・進入美國零售投資者； ・提昇公司形象及國際可見度； ・高轉現率； ・提高交易效率； ・廣泛的研究及交易途徑； ・較多相似的競爭者。	・執行簡報程序； ・須揭露給SEC及採用美國GAAP原則； ・要求建立營運模式以吸引投資者； ・較高的開頭掛牌成本。	5家台灣公司掛牌，57家媒體公司，23%外國公司
（三）NYSE紐約掛牌	・世界最大的股市及最高轉現率； ・最多的競爭對手； ・公平及公開價格； ・最大的研究及報導； ・高能見度，投資利益及保護； ・低變動。	・須揭露給SEC及採用美國GAAP原則； ・最嚴屬的管理要求； ・較高的開頭掛牌成本。	3家台灣公司掛牌，24家媒體公司，25%為外國公司
（四）GDR掛牌（全球存託憑證）	・進入主要的投資市場； ・較短的時程； ・不須美國GAAP原則； ・不須美SEC的報告要求； ・較低的開頭掛牌成本。	・較低轉現率； ・價格不及SEC登記的公司； ・無法接近美國零售投資者； ・有限的接近美國證券市場； ・GDR要求一股票列於海外交易市場。	37家台灣公司掛牌，29家媒體公司，21%為外國公司

資料來源：美國摩根史坦利投資銀行，2009年1月。

（二）海外上市準備工作

　　有關海外上市工作，係一複雜的專業工作，其相關準備事項，計有八項如下：

1. 組織專案工作小組及會議，開始掛牌申請的工作。

2. 實地訪查及公開說明書撰寫初稿

　　(1)實地訪查；

　　(2)財報準備；

　　(3)公開說明書初稿。

3. 美國SEC/HKSE登記與檢閱

(1)送FI文件至美國證管會（SEC）；

(2)送A1文件至香港聯合股東交易所（HKSE）；

(3)SEC檢閱／HKSE初審。

4. 巡迴募集資金說明會（ROAD Show）

(1)巡迴募集資金說明會訂演及準備工作。

5. 對評估的回應

(1)對SEC及HKSE初審的回應；

(2)HKSE掛牌評審會的聽證會。

6. 分析報告與事前行銷

(1)發行研究報告；

(2)事前行銷。

7. 最後階段的掛牌申請與資金募集說明會

(1)通過SEC申請核准，準備並編印初步及正式公開書；

(2)全球資金募集說明會。

8. 上市價確認及結案

(1)於香港公開上市；

(2)上市價確認及分配股數；

(3)掛牌上市／結案。

（三）海外承銷策略

1. 研究分析建立吸引人的說帖；

2. 承銷人員選定投資者；

3. 讓目標投資者對說帖深入了解的事前行銷；

4. 公司管理者做全球性的資金募集說明會以及吸引更多的投資者；

5. 經由有意願的投資者製造買氣；

6. 訂價及股票分配；

7. 由外國券商支援後續市場。

三、海外籌措資金的知名主辦投資銀行或證券公司

目前全球比較知名的海外籌資、企業財務重整或併購之投資銀行或證券公司，包括下列各公司：

1. 歐 洲

(1)英國柏克萊證券；

(2)英國霸菱證券；

(3)英國怡富證券；

(4)德意志銀行（Deutsche Bank）；

(5)瑞銀華寶證券（UBS Warburg）；

(6)法國巴黎銀行；

(7)荷蘭銀行。

2. 美 國

(1)花旗國際投資銀行（Citibank/SSB）；

(2)摩根史坦利（Morgan Stanly）；

(3)瑞上信貸第一波士頓（CSFB）（Credit Suisse First Boston）；

(4)美林投資銀行（Merrill Lynch）；

(5)高盛投資銀行（Goldman Sachs）；

(6)所羅門美邦投資銀行；

(7)F. B. Gemini Capital Limited；

(8)JP Morgan（摩根大通銀行）。

3. 日 本

(1)野村證券；

(2)大和證券。

4. 澳洲：麥格里投資銀行（Macqnarie Bank）

5. 承銷費用

(1)規劃費（整個籌資金額的百分比）；

(2)承銷費；

(3)銷售團費。

6. 工作團隊（TEAM）

國內外律師／會計師／承銷商／投資銀行／債券銷售商／投資基
金。

四、國外承銷商的角色與功能

國外承銷商所扮演之角色及功能，大致有下列七項：

1. 向國外主管機構申請核准；
2. 組成承銷團，建立分銷網路；
3. 撰寫承銷報告書（產業、公司、未來展望及財務狀況）；
4. 海外說明會（投資者集中的國家與城市）；
5. 發行前的市場促銷；
6. 次級市場的價格維持；
7. 正式掛牌與交割。

五、發行歐洲公司債之程序

通常國內企業發行歐洲公司債之程序，大致如下幾點：

1. 經濟部投審會申請（30～45天）（海外投資計畫）；
2. 證管會申請（45～90天）國內／國外承銷商合作；
3. 發行文件準備（公開說明書）；
4. 開始承銷：海外說明會（Road Show）正式發行日；
5. 在台灣依規定公告；
6. 掛牌上市（在歐洲店頭市場）。

第2節　台商在香港上市

一、台商海外上市籌資，大多選擇香港

近年台商跨大步布局全球，對資金的需求也日益股切，除了台積電、聯電赴美國發行存託憑證（ADR）或可轉換公司債（ECB）外，有愈來愈多台商選擇到香港、新加坡、甚至大陸等資本市場上市，募集國際資金。特別是赴大陸投資的台商，在規模日益壯大下，為進一步籌資，拓展市場版圖，也選擇在台灣以外的資本市場籌募資金。

根據香港交易所統計，2011年5月底止在香港股市掛牌的台資企業已有70多家，包括鴻海集團的富士康、寶成旗下的裕元工業、康師傅等，統一集團及旺旺公司也赴香港上市。

一般而言，台商赴海外股票上市，最常見的手法，就是台灣公司的股

東與海外控股公司（像是開曼）進行股份轉換，由原股東持有海外控股公司股票，再由該海外控股公司直接在海外上市，公司的投資重心也轉移到海外，台灣反而變成控股公司的一部份。

公司若確定要上市，那麼上市地點的選擇，也是要審慎考量的關鍵。台商到海外上市的地點，有可能是香港、大陸、美國、或是新加坡。根據台灣證交所統計，自1990年第一家台資企業湯臣集團在香港上市以來，截至2011年為止，台商已有70家前往香港掛牌。積極對台灣招商的新加坡，台灣公司前往上市的家數也有30餘家；最近才開放台商上市的大陸股市，短期內也已達七家。

二、因應節稅，台商海外第三地公司，紛轉移到香港，改變投資架構

因應大陸2008年上路的企業所得稅雙軌合一制，初步估算下半年以來，已有近十家台灣上市公司公告更改投資架構，將中間控股公司轉移到香港。由於香港與大陸簽定最優惠租稅協定，從大陸公司匯出盈餘到香港，將可課徵較其他地區優惠的企所稅。

大陸2008年起實施新版企所稅，外資企業如將大陸公司股利、利息和特許權等盈餘匯出海外，須先課徵企所稅，嚴重衝擊台外商大陸獲利狀況。

2007年以來到2008年上半年，台灣上市公司變更投資架構，多半集中在更改第三地公司設立的地點。這些「紙上公司搬家」的目的，一部分是為了符合海外上市的要求，比如香港港交所只能接受香港、中國、開曼和百慕達等四個國家或地區的公司上市，部分台資企業把紙上公司從薩摩亞搬到開曼，未來就有赴港上市的考量。

資誠會計師事務所稅務暨法律服務部營運長吳德豐說，台灣上市企業下半年來新設香港公司的案件增加，主要是2008年大陸企所稅新制實施，股息、利息等盈餘從大陸匯出，必須課徵企所稅，而香港與大陸簽訂組稅協定，上述類型的資金匯到香港，可以享受較其他地區低的扣繳稅率，包括股息稅率只有5%到10%、利息7%等，因此趕在2008年以前變更投資架構。

勤業眾信執業會計師林淑怡說，為因應大陸企所稅新制，台資考量把中間控股公司搬到與大陸有租稅協定的國家，包括盧森堡、新加坡、香

港、模里西斯等，但香港在其中占有地利和低扣繳率的兩大優勢。除了稅賦考量，海外上市也是企業更改投資架構出發點，包括富士康、寶成、佳邦、瀚宇博德等多家已在香港上市的台資企業，都是以香港中間控股公司上市。

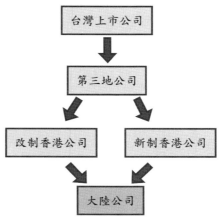

圖13-1
西進大陸台商的新投資架構

註：除大陸企所稅考量，也可作為海外上市主體。
資料來源：勤業眾信會計師事務所　陳惠敏／製表

三、台商海外上市的原因

赴大陸投資的台商選擇到海外上市的原因，主要是政府規定間接赴大陸投資，法人不得逾淨值40%、個人不得逾8,000萬元。如果台商想回台上市，將要面臨違反政府法令的風險，因此，不少赴大陸投資的台商，如果想要籌集資金，都會優先選擇赴海外上市，特別是2007年7月大陸放寬大陸人民可以投資香港股市，更使得香港股市前景看好，不少台商也鎖定香港股市為首要上市籌資。

除了滿足籌資所需外，台商會選擇海外上市的目的還有很多。勤業眾信會計師事務所會計師杜啟堯指出，以上市公司的身分投資大陸，加值效果相當顯著。台商在境外上市，會有較高的國際知名度和國際地位，能夠拉開與競爭對手的差距，還可以增加和大陸銀行金融往來的籌碼，在資金的運用上更有效率。

赴大陸投資的台商急著要在海外上市的另一個主因，是大陸2008年實施新的企業所得稅法、勞動合同法等規定，將加重台商的成本。因此，不

少台商選擇重組海外及大陸的投資架構,希望降低投資及稅賦的風險,並可以達到籌集資金、擴大規模的目的。

四、台商海外上市常見的投資架構重組模式

台商到海外上市,涉及的問題很多,稅賦、組織架構的變動等,都會受影響;兩者密切關連,且牽一髮動全身,想要去海外上市的台商進行相關規劃時,要特別小心。

台商最關心的問題,就是到海外上市到底要不要變更公司的組織架構?是否要改變投資架構,應該思考的是公司原本的營運模式和組織型態,是否能因應上市的需要、以及改變的目的何在。

一般來說,台商可以分成三種,一種是母公司設在台灣,但前往香港、大陸發展的公司;另一種類是母公司不在台灣,而是由大陸、香港發跡,像康師傅或旺旺;還有一種,則是以個人名義到大陸投資的台商。

海外上市常見的投資架構重組模式

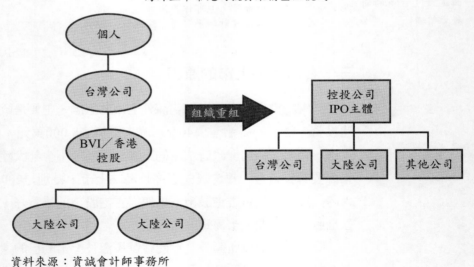

資料來源:資誠會計師事務所

表13-2
海外各地上市資本
額比較

國家	台灣	大陸	香港	新加坡	美國
資本額	資本額6億元以上。	上證所及深證所主板（A股）：資本額人民幣5,000萬元以上。深證所中小企業板：同上證所主板標準。	主板：市值港幣2億元以上。創業板：無特定要求，但實際上市值不得少於港幣0.46億元。	主板：市值新幣8,000萬元以上，或獲利達特定標準即可免予檢視市值條件。Sesdaq：無相關要求。	主板：淨資產不低於4,000萬美元。Nasdaq：淨資產不低於400萬美元。

資料來源：台灣證交所。

第3節　跨國企業財務經理人的任務

　　身為一位傑出的跨國企業「財務長」（CFO），必須肩負相當繁重且專業的任務，包括下列各點：

1. 與國際銀行與證券承銷商及票券公司建立良好關係，擴大銀行可動用給予的融資額度。支援公司在全球各地之投資、拓展業務或併購所需之資金。
2. 要充份了解國際主要貨幣（美元、日圓、英磅、馬克、港幣、人民幣等）的走勢變化。靈活運用外幣收入（如信用狀收入、外地子公司盈餘）與外幣支出之平衡對衝，避免匯兌損失。
3. 協助海外各地子公司建立財務與會計制度及作業，以及初期資金的支援。
4. 能定期稽核各地子公司財務狀況及經營績效，避免弊端出現。
5. 提供海外投資決策前的精確財務效益之評估。
6. 創造外幣與外幣財務操作及效益。

第4節　因應海外投資風險的措施

　　跨國企業通常因應海外投資風險的舉措，大致包括以下各項：

1. 政治風險

　(1)找當地國企業，共同合資。

　(2)向當地銀行借款，錢是當地國的。

　(3)僅先做簡裝配組裝廠，設備投資的規模不大，可隨時轉移。

　(4)建立與當地高層政治、軍事強人的人際關係。

2. 外匯風險：採取外幣帳戶轉換操作

　(1)負債（借款）以弱勢貨幣持有。

　(2)資產（存款）以強勢貨幣持有。

3. 盈餘匯回的阻礙解決（落後國家）

　(1)利用轉移價格之提高或降低（例如：海外子公司向公司採購高價
　　商品，而出售低價商品）。

　(2)利用權利金、管理費之名義匯回。

第5節　案例

〈案例13-1〉

中國康師傅獲利創新高，稱霸台資食品業之王

(1)中國旺旺去年獲利成長三成，也創歷史新高，稅後純益2.63億美元；統一中控去年稅後純益為人民幣3.43億元（約新台幣17.15億元），雖較前年衰退18%，但扣除匯損、中谷糖業風暴所造成的影響，本業獲利成長也超過三成；以代工為主的大成食品，去年稅後純益1,967萬美元，則較前年衰退。

(2)康師傅表示，大陸農村市場崛起，康師傅的產品策略將從過去以高單價產品為主，轉為低、中、高三方面全面性開展，擴張市場的佔有率。

康師傅去年以方便麵銷售表現最佳，據AC Nielsen去年12月所做的調查顯示。康師傅方便麵大陸市占率高達50.8%、茶飲料達44.3%。

四大台資食品業去年獲利

公司名項目	中國旺旺	統一中控	康師傅	大成食品
營收（億美元）	15.53	約13.49	42.70	12.93
毛利率（%）	38.40	34.10	32.18	7.40
稅前盈餘（億美元）	3.09	約0.64	4.52	0.27
稅後盈餘（億美元）	2.63	約0.50	3.62	0.21
每股獲利（美分）	2.00	約1.39	4.66	1.95

資料來源：經濟日報，2009年4月22日

〈案例13-2〉

中國大潤發，加速在香港IPO上市

(1)潤泰計畫與法國歐尚集團合資成立控股公司，申請在香港股市掛牌上市（IPO），若今年中國大潤發營收能順利超過家樂福，不排除今年就完成在港股掛牌。

(2)潤泰集團旗下潤泰全與潤泰新兩家公司分別投資中國大潤發，持股比例為16.7%與10.85%。去年潤泰集團營收500多億元，但中國大潤發營收已達1,500億元，集團總裁尹衍樑看好量販事業前景。

據了解，潤泰與法國歐尚集團已就雙方在大陸合作進行IPO達成初步共識，可能先成立控股公司，以控股公司名義在香港申請掛牌上市；但在大陸市場仍以大潤發、歐尚兩個量販通路品牌同時運作。

(3)尹衍樑對中國大潤發的期許是10年達成百店目標，已在去年完成；第二個目標是在中國大潤發成為中國最大量販品牌後掛牌上市。

中國連鎖經營協會公布2010年中國連鎖百強，中國大潤發緊追家樂福，雙方開店數雖有33家差距，但中國大潤發營收僅比家樂福少人民幣3億元，兩大通路在營業額規模差距已漸縮短，若中國大潤發今年照計畫再增25家店，營收有機會超過家樂福。

（資料來源：經濟日報，2011年3月31日）

國際企業管理─精華理論與實務個案

〈案例13-3〉

捷安特（巨大）高獲利，大方給股利

(1)全球瘋自行車，帶動台灣自行車龍頭廠巨大集團去年營收、獲利及股利，皆締造設廠37年以來的歷史新高，每股稅後淨利高達8.3元，巨大董事會通過97年度盈餘分配案，每股將配發4元股利，其中，2元現金股利、2元股票股利。

(2)巨大集團昨日公布2008年度財務報表，去年集團合併營收高達414億元，較前年331億元，大幅激增25.4%；稅前淨利達32億元，較前年成長37.1%；稅後淨利24.5億元，成長35.65%。

(3)巨大集團發言人許立忠指出，受惠於全球掀起節能、環保、減碳、健身等風潮，該集團去年自行車供不應求，以供應中高價自行車為主的台灣廠，假日、甚至平常日都得趕工加班，台灣廠去年出貨量達120多萬台，帶動營收衝破168億元；同樣創下設廠37年以來的歷史新高。

(4)許立忠表示，去年因為自行車內外銷需求暢旺，台灣廠與大陸天津廠因此擴增生產線，其中，台灣廠預計今年第二季完工啟用，屆時產能可由60萬台提高至100萬台；已完成擴充的天津廠，今年總產能將由30多萬台，提高至80多萬台，未來將逐年擴充至300萬台。

（資料來源：經濟日報，2009年3月24日）

〈案例13-4〉

Panasonic年虧3800億日圓，將裁員1.5萬人及關閉全球27座工廠

(1)Panasonic表示，至12月底止的第三季淨損為631億日圓（7.09億美元），至3月底止的年度淨損可能達到3,800億日圓。第三季虧損金額遠超過分析師預期的11.6億日圓，也是六年來首見季虧損。上季營收比一年前下滑20%至1.88兆日圓，其中海外營收銳減29%，日本國內營收下降10%，預料年度營收將減至7.75兆日圓，前一年則為8.5兆日圓。

(2)Panasonic的虧損肇因於美國，金融危機引發的全球成長減速，尤其是去年10月以來經營環境加速惡化，包括日圓陡升、全球消費支出遲緩，以及為降低成本，Panasonic將在2010年3月以前完成裁員1.5萬人，高階主管也將減薪10%至20%；希望下個會計年度可省下1,000億日圓成本。裁撤的職務半

數來自日本國內，包含臨時雇員與全職員工。此外，該公司將在下月底前關閉全球27間工廠，14間在海外，13間在日本。

（資料來源：經濟日報，2009年2月25日）

〈案例13-5〉

台灣亞泥大陸廠大豐收，獲利達20億元

(1)亞泥董事長徐旭東最近親赴大陸為員工打氣，尤其是亞泥雖面對這一波金融風暴，但在大陸投資的成果，仍繳出一張亮麗的成績單。據法人估算，2010年大陸獲利高達新台幣20億元，優於台泥與環泥等同業。展望2011年，四川亞東廠已成為該集團獲利金雞母，保守估計，至少可進帳超過2、3億人民幣。

(2)這一波金融海嘯讓不少企業受到重創，不過亞泥集團在大陸的投資布局，卻沒有受到太大影響，到2008年第三季為止，已賺進16億新台幣，全年可望達到20億的目標。

(3)替員工打氣，鼓勵他們為公司帶來豐沛的獲利，徐旭東特別飛往大陸，巡視旗下各廠，包括湖北、江西與四川等地，並與員工一起吃尾牙，徐旭東很感謝員工一年的辛勞；也對2011年的展望深具信心。

（資料來源：工商時報，2011年2月21日）

〈案例13-6〉

雀巢食品去年大賺，今年仍看好

(1)瑞士食品巨人雀巢2010年財報週四出爐，表現亮麗，營收和淨利雙雙成長。雀巢並表示，今年業績可望上揚，且公司將推銷低價產品，以因應景氣衰退。

(2)據報導，雀巢去年獲利勁揚69.4%，金額達180億瑞士法郎（約153.5億美元），其中92億瑞士法郎由出售旗下眼科專業藥廠愛爾康（Alcon）四分之一股份而來。即便瑞士法郎升值抵消了銷量和價格成長，雀巢上季營收有達到1,099億瑞士法郎，較2009年成長2.2%。

(3)雀巢財務長辛恩（Jim Singh）表示，相信雀巢今年可以再度成為業界成長最快的企業之一，公司擬藉由降低成本來推動成長。隨著經濟環境不佳，消費者開始精打細算縮食節食，由於該公司的產品範圍廣

泛，辛恩認為現在是雀巢的機會。不過辛恩亦指出，消費者開始注重基本必需品，今年對於瓶裝水和營養食品業務可能面臨嚴峻的考驗。

（資料來源：工商時報，2011年2月20日）

〈案例13-7〉

中國旺旺獲利成長4成，手握現金3億美元

(1)中國旺旺控股召開董事會後，公布2010年財報，全年營收額15億5,386萬美元，年成長42%，獲利額為2億6,265萬美元，比2009年增長30.6%，在去年全球經濟衰退的困境中，中國旺旺營運獲利持續成長，顯見企業體質的堅實。

(2)尤其，在景氣低迷之際，質優企業都強調「現金為王」，而旺旺集團至去年底，手中握有2.842億美元現金（85%持有人民幣），較2009年增長了5.1%，企業體質更優於多數同業。

(3)此外，旺旺集團在2010年底的淨現金（現金及現金等價物扣除借款總額）為1.177億美元；而權益負債比率，從2009年底的26.5%，下降到2010年底的17.9%；顯示旺旺集團擁有充足的現金及銀行信貸額度，既能滿足本集團營運資金的需求，也能滿足將來投資機會的資金需求。

(4)旺旺集團大股東，去年以來積極進軍台灣與香港的媒體業，使得在香港掛牌的中國旺旺，在年報出爐前，備受投資人關注，昨日中國旺旺股價上漲4.276%，是國內食品業在中國投資，並在香港上市的個股中，股價漲幅最大的公司。

(5)中國旺旺控股指出，結算2010年的營業收入為15億5,386萬美元，比2009年的10億9,454萬美元，增加近4億5,933萬美元；獲利額2億6,265萬美元（約台幣91.86億元），年增加6,145.8萬美元，每股盈餘2美分，董事會並決議配息1.36美分。

(6)旺旺集團指出，該企業產銷的主要產品，包括米果、乳品與飲料、休閒食品與酒類等；去年米果類的營收額為5.61億美元，年成長49.1%，乳品與飲料的營收為5.36億美元，年增率37.3%，休閒食品營收額4.48億美元，比去年增加40.9%。

中國旺旺集團財報表現

項目	2008年	2009年	2010年
營業額	863,603	1,094,540	1,553,868
稅後盈餘	176,128	201,188	262,655

單位：千美元

資料來源：工商時報，2011年3月6日

本章習題

1. 請說明國內及跨國財務管理之差異有那些？

2. 試說明企業國際化資金來源方式有那些？

3. 試列舉海外籌措資金的知名主辦銀行或證券公司？

4. 試說明國外承銷商的角色與功能為何？

5. 試說明台商海外上市的原因為何？

6. 試說明跨國企業財務經理人的任務為何？

7. 試說明跨國企業因應海外投資風險的舉措有那些？

第14章

全球區域經濟整合組織

學習目標

　　本章將介紹全球較重要的幾個區域經濟整合組織體。區域經濟組織對該國家及企業的整體發展，具有深遠的影響，應予以重視。

第1節　歐美區域經濟整合組織

一、歐洲聯盟（歐盟）（European Union）

　　歐洲聯盟目前有27個會員國，有5個主要的機構：

1. **歐洲會議**（European Council）：由歐盟會員國代表所組成，通常該國的外交部長代表，此機構功能主要在制定歐盟之政策方向及解決主要的政策議題。
2. **歐洲委員會**（European Commission）：主要功能是指出歐盟的法律、討論、執行及監測。總部設在比利時的布魯塞爾。
3. **部長級會議**（Council of Ministers）。
4. **歐洲議會**（European Parliament）。
5. **歐洲法庭**（Court of Justice）。

　　歐盟（EU）初期有15個國家加入其會議，分別如下：

1. 法國（1958）；
2. 英國（1973）；
3. 德國（1958）；
4. 比利時（1958）；
5. 義大利（1958）；
6. 盧森堡（1958）；
7. 愛爾蘭（1978）；
8. 荷爾（1958）；
9. 希臘（1981）；
10. 西班牙（1986）；
11. 葡萄牙（1986）；

12. 丹麥（1973）；

13. 奧地利（1995）；

14. 瑞典（1995）；

15. 芬蘭（1995）。

　　歐盟自2002年1月1日起，正式啟用歐盟統一貨幣，稱為歐元（European dollar）。

　　2001年歐盟15國領袖為期兩天的高峰會議，在比利時的拉肯閉幕。與會各國領袖簽署「拉肯宣言」。

　　歐盟各國領袖也在拉肯發表「歐盟前景」宣言，勾畫日後歐洲統合所帶來的和平與繁榮。塞浦路斯、愛沙尼亞、匈牙利、拉托維亞、立陶宛、馬爾他、波蘭、斯洛伐克、捷克、斯洛維尼亞等10國，已在2004年加入歐盟。進度落後的保加利亞與羅馬尼亞，已在2007年加入。

（一）2004年：歐盟增加七個國家會員國

　　歐盟（EU）委員會在2002年10月通過10個國家在2004年5月，成為歐盟的新會員國。歐盟也從目前的15個國家，擴充為25個會員國。屆時歐盟將成為一個擁有4.55億人口的經濟體。這十個新會員國家的資料，如表14-1所示。

表14-1
2004年新加入歐盟
的十個國家

國家	國土面積（千平方公里）	人口（百萬）	人均GDP（歐元）
1.塞浦路斯	9.25	0.73	18,500
2.斯洛維尼亞	20	2	16,100
3.捷克	78.8	10.3	13,300
4.馬爾他	0.3	0.39	11,900
5.匈牙利	93	10	11,900
6.斯洛伐克	49	5.4	11,100
7.愛沙尼亞	45.2	1.37	9,800
8.波蘭	312.6	38.6	9,200
9.立陶宛	65.3	3.7	8,700
10.拉脫維亞	64.5	2.37	7,700

資料來源：中國北京經濟日報。

二、北美自由貿易協定及美洲自由貿易區2005年成立

1989年1月1日由美國與加拿大成立北美自由貿易協定（North American Free Trade Agreement, NAFTA），1991年墨西哥加入。1994年1月1日正式簽署協定書。

原北美自由貿易協定（NAFTA），於2005年擴大成為「美洲自由貿易區」（FTAA）。此自由貿易區將涵蓋北美洲及中南美洲等15個國家，8億人口，GDP總價超過11兆美元的世界最大自由貿易圈。這15個國家的名稱及GDP值，如表14-2所示。

表14-2
美洲自由貿易區參加成員國（2005年）

國家	GDP值	國家	GDP值
1.美國	10兆	9.秘魯	541億
2.加拿大	8,871億	10.烏拉圭	205億
3.巴西	5,951億	11.哥斯大黎加	155億
4.墨西哥	5,620億	12.瓜地馬拉	192億
5.阿根廷	2,825億	13.厄瓜多爾	120億
6.委內瑞拉	1,038億	14.多明尼加	71億
7.智利	684億	15.牙買加	70億
8.哥倫比亞	830億		

註：資料時間為2000年。
資料來源：美洲開發銀行。

第2節　亞洲區域經濟整合組織（亞洲自由貿易區）

一、東協加三：全球人口最多的自由貿易區

(1)「東南亞國家協會」（ASEAN：Association of South East Asian Nations，簡稱「東協」）於1967年8月8日在曼谷成立，當時是為了防止共產主義蔓延，由新加坡、泰國、印尼、馬來西亞、菲律賓、汶萊、越南、寮國、緬甸與柬埔寨，組成東協十國。1992年東協高峰會議中，印尼提出了「東協自由貿易區」（AFTA）的構想，並決議自1993年起實施區域內共同有效優惠關稅（CEPT），

計畫在15年內逐步將關稅全面降低至0%至5%，達成設立自由貿易區的目標。

(2)受到歐洲聯盟與北美自由貿易區的競爭壓力，1999年東協宣布要進一步推動區域的整合（IAI），決議要進行經濟發展等多領域的東亞合作，希望由相對較為開發的國家來協助開發較慢的國家，以強化東亞區域的競爭力。這時，中國大陸、日本及南韓等三國也表態支持IAI，並擴大與東協的貿易及投資合作，「東協加三」隱然成形。

(3)在區域經濟整合的風潮下，東協逐漸形成一個東亞經濟共同體，除了加速進行自由貿易區（AFTA）的整合外，同時也以多重管道方式，與鄰近國家締結自由貿易協定（FTA）：目前東協已與中國大陸簽署自由貿易協定，已於2010年成立東協與中國大陸的自由貿易區（ACFTA），即所謂的「東協加一」，這將是全球人口最多的自由貿易區，估計將廢除超過1,000億美元的關稅。東協也已與韓國簽訂「經濟合作架構協定」，2010年前撤銷90%商品關稅。至2012年，日本、南韓也將加入成為「東協加三」。

資料來源：經濟日報

二、中國加東協自由貿易區：18億人口，GDP 2兆美元的巨大市場

(1)為期三天的東亞高峰會10日在泰國芭達雅揭幕，中共總理溫家寶將和東協簽署「中國／東協投資協議」，這是中共與東協「自由貿易協定」最後一環。

中共外長助理胡正躍表示，「投資協議」的簽署代表中國和東協的自由貿易協定已完成所有協商，雙方已在2010年正式成立自由貿易區，看來計畫已如期實現。

(2)東協本身從1992年起就是自貿區，中國2010年和東協的貿易額為2,300億美元（台幣7兆7,700億元），比2009年增加4%，占中國外貿總額9%。胡正躍表示，中國在東協國家的投資已達60億美元左右。

(3)新加坡總經理李顯龍表示，中國是當今最大的開發中國家，中國

國際企業管理—精華理論與實務個案

和東協發展良好的關係，不但有助雙方合作因應全球危機，還有助促進亞太地區的和平與穩定。

李顯龍表示，中國和東協的貿易，目前占東協總貿易額10%以上，「中國／東協自貿區」成立後，將是一個總人口18億、GDP合計2兆美元的巨大市場。

資料來源：工商時報，2009年4月9日

東協加一自由貿易區大事紀

2004年元月	早期收穫畫實施，約600種農產品關稅兩年內降為零
2004年底	簽署「貨物貿易協定」和「爭端解決制協議」，標誌自由貿易區建設進入實質性執行階段
2005年7月	「貨物貿易協定」降稅計畫開始實施，大陸和東協約7,000種產品在大幅降低關稅、免配額及其他市場開放條件進一步改善下，更順暢進入彼此市場。
2009年8月	雙方再洽簽「中國－東盟自由貿易區投資協議」
2010年元旦	東協加一自貿區形成，大陸和東協約7,000種產品關稅降為零
2015年元旦	東協四個新成員包括越南、寮國、緬甸、柬埔寨等，一同加入零關稅陣容

中國－東協自由貿易區一周年統計

	金額	成長情形
雙方進出口	今年貿易總額可能2500億美元	取代日本成中國第三大貿易夥伴
直接投資	上半年中國對東協的直接投資12.21億美元，全年可望破24億美元	增長一倍以上
單省貿易額	廣西與東協今年1到11月雙邊貿易總值54億美元	增長29.4%
跨境貿易人民幣結算	雲南省跨境貿易人民幣結算達到55.09億元	增長75%

資料來源：綜合大陸報導

三、亞太經濟合作會議（APEC）

亞太經濟合作組織（APEC）成立於1990年，宗旨是通過貿易投資自由化，和經濟技術合作促進亞太地區的經濟發展和共同繁榮。目前有廿一

個會員國，佔全球GDP的60%及全球貿易額的50%，在全球經濟活動中具有舉足輕重的地位。

廿一會員國即澳大利亞、汶萊、加拿大、智利、中國、中國香港、印尼、日本、韓國、馬來西亞、墨西哥、紐西蘭、巴布亞新幾內亞、秘魯、菲律賓、俄羅斯、新加坡、台灣、泰國、美國和越南。此外，東南亞國家聯盟（ASEAN）、太平洋經濟合作理事會（PECC）和南太平洋論壇（SPF）是APEC的觀察員。

四、ECFA協議文本與效益預估

ECFA已於民國100年1月1日起正式實施。ECFA內容主要是兩岸對雙方約定的早期收獲清單項目予以進口降低關稅或免關稅之優惠，以及對於開放雙方內需市場投資及設立公司允許之約定。ECFA協議書全文請參閱下文。

（一）海峽兩岸經濟合作架構協議文本：

序言

財團法人海峽交流基金會與海峽兩岸關係協會遵循平等互惠、循序漸進的原則，達成加強海峽兩岸經貿關係的意願；

雙方同意，本著世界貿易組織（WTO）基本原則，考量雙方的經濟條件，逐步減少或消除彼此間的貿易和投資障礙，創造公平的貿易與投資環境；透過簽署「海峽兩岸經濟合作架構協議」（以下簡稱本協議），進一步增進雙方的貿易與投資關係，建立有利於兩岸經濟繁榮與發展的合作機制；

經協商，達成協議如下：

第一章　總則

第一條　目標

本協議目標為：

一、加強和增進雙方之間的經濟、貿易和投資合作。

二、促進雙方貨品和服務貿易進一步自由化，逐步建立公平、透明、便捷的投資及其保障機制。

三、擴大經濟合作領域，建立合作機制。

第二條　合作措施

雙方同意，考量雙方的經濟條件，採取包括但不限於以下措施，加強海峽兩岸的經濟交流與合作：

一、逐步減少或消除雙方之間實質多數貨品貿易的關稅和非關稅障礙。

二、逐步減少或消除雙方之間涵蓋眾多部門的服務貿易限制性措施。

三、提供投資保護，促進雙向投資。

四、促進貿易投資便捷化和產業交流與合作。

第二章　貿易與投資

第三條　貨品貿易

一、雙方同意，在本協議第七條規定的「貨品貿易早期收穫」基礎上，不遲於本協議生效後六個月內就貨品貿易協議展開磋商，並儘速完成。

二、貨品貿易協議磋商內容包括但不限於：

（一）關稅減讓或消除模式；

（二）原產地規則；

（三）海關程序；

（四）非關稅措施，包括但不限於技術性貿易障礙（TBT）、食品安全檢驗與動植物防疫檢疫措施（SPS）；

（五）貿易救濟措施，包括世界貿易組織「一九九四年關稅暨貿易總協定第六條執行協定」、「補貼及平衡措施協定」、「防衛協定」規定的措施及適用於雙方之間貨品貿易的雙方防衛措施。

三、依據本條納入貨品貿易協議的產品應分為立即實現零關稅產品、分階段降稅產品、例外或其他產品三類。

四、任何一方均可在貨品貿易協議規定的關稅減讓承諾的基礎上自主加速實施降稅。

第四條　服務貿易

一、雙方同意，在第八條規定的「服務貿易早期收穫」基礎上，不遲於本協議生效後六個月內就服務貿易協議展開磋商，並儘速完成。

二、服務貿易協議的磋商應致力於：

（一）逐步減少或消除雙方之間涵蓋眾多部門的服務貿易限制性措施；

（二）繼續擴展服務貿易的廣度與深度；

（三）增進雙方在服務貿易領域的合作。

三、任何一方均可在服務貿易協議規定的開放承諾的基礎上自主加速開放或消除限制性措施。

第五條　投資

一、雙方同意，在本協議生效後六個月內，針對本條第二款所述事項展開磋商，並儘速達成協議。

二、該協議包括但不限於以下事項：

（一）建立投資保障機制；

（二）提高投資相關規定的透明度；

（三）逐步減少雙方相互投資的限制；

（四）促進投資便利化。

第三章　經濟合作

第六條　經濟合作

一、為強化並擴大本協議的效益，雙方同意，加強包括但不限於以下合作：

（一）智慧財產權保護與合作；

（二）金融合作；

（三）貿易促進及貿易便捷化；

（四）海關合作；

（五）電子商務合作；

（六）研究雙方產業合作布局和重點領域，推動雙方重大項目合作，協調解決雙方產業合作中出現的問題；

（七）推動雙方中小企業合作，提升中小企業競爭力；

（八）推動雙方經貿團體互設辦事機構。

二、雙方應儘速針對本條合作事項的具體計畫與內容展開協商。

第四章　早期收穫

第七條　貨品貿易早期收穫

一、為加速實現本協議目標，雙方同意對附件一所列產品實施早期收穫計畫，早期收穫計畫將於本協議生效後六個月內開始實施。

二、貨品貿易早期收穫計畫的實施應遵循以下規定：

（一）雙方應按照附件一列明的早期收穫產品及降稅安排實施降

稅；但雙方各自對其他所有世界貿易組織會員普遍適用的非臨時性進口關稅稅率較低時，則適用該稅率；

（二）本協議附件一所列產品適用附件二所列臨時原產地規則。依據該規則被認定為原產於一方的上述產品，另一方在進口時應給予優惠關稅待遇；

（三）本協議附件一所列產品適用的臨時貿易救濟措施，是指本協議第三條第二款第五目所規定的措施，其中雙方防衛措施列入本協議附件三。

三、自雙方根據本協議第三條達成的貨品貿易協議生效之日起，本協議附件二中列明的臨時原產地規則和本條第二款第三目規定的臨時貿易救濟措施規則應終止適用。

第八條　服務貿易早期收穫

一、為加速實現本協議目標，雙方同意對附件四所列服務貿易部門實施早期收穫計畫，早期收穫計畫應於本協議生效後儘速實施。

二、服務貿易早期收穫計畫的實施應遵循下列規定：

（一）一方應按照附件四列明的服務貿易早期收穫部門及開放措施，對另一方的服務及服務提供者減少或消除實行的限制性措施；

（二）本協議附件四所列服務貿易部門及開放措施適用附件五規定的服務提供者定義；

（三）自雙方根據本協議第四條達成的服務貿易協議生效之日起，本協議附件五規定的服務提供者定義應終止適用；

（四）若因實施服務貿易早期收穫計畫對一方的服務部門造成實質性負面影響，受影響的一方可要求與另一方磋商，尋求解決方案。

第五章　其他

第九條　例外

本協議的任何規定不得解釋為妨礙一方採取或維持與世界貿易組織規則相一致的例外措施。

第十條　爭端解決

一、雙方應不遲於本協議生效後六個月內就建立適當的爭端解決程序展開磋商，並儘速達成協議，以解決任何關於本協議解釋、實施和適用的

爭端。

二、在本條第一款所指的爭端解決協議生效前，任何關於本協議解釋、實施和適用的爭端，應由雙方透過協商解決，或由根據本協議第十一條設立的「兩岸經濟合作委員會」以適當方式加以解決。

第十一條　機構安排

一、雙方成立「兩岸經濟合作委員會」（以下簡稱委員會）。委員會由雙方指定的代表組成，負責處理與本協議相關的事宜，包括但不限於：

（一）完成為落實本協議目標所必需的磋商；

（二）監督並評估本協議的執行；

（三）解釋本協議的規定；

（四）通報重要經貿資訊；

（五）根據本協議第十條規定，解決任何關於本協議解釋、實施和適用的爭端。

二、委員會可根據需要設立工作小組，處理特定領域中與本協議相關的事宜，並接受委員會監督。

三、委員會每半年召開一次例會，必要時經雙方同意可召開臨時會議。

四、與本協議相關的業務事宜由雙方業務主管部門指定的聯絡人負責聯絡。

第十二條　文書格式

基於本協議所進行的業務聯繫，應使用雙方商定的文書格式。

第十三條　附件及後續協議

本協議的附件及根據本協議簽署的後續協議，構成本協議的一部分。

第十四條　修正

本協議修正，應經雙方協商同意，並以書面形式確認。

第十五條　生效

本協議簽署後，雙方應各自完成相關程序並以書面通知另一方。本協議自雙方均收到對方通知後次日起生效。

第十六條　終止

一、一方終止本協議應以書面通知另一方。雙方應在終止通知發出之日起三十日內開始協商。如協商未能達成一致，則本協議自通知一方發出

終止通知之日起第一百八十日終止。

二、本協議終止後三十日內，雙方應就因本協議終止而產生的問題展開協商。

本協議於六月二十九日簽署，一式四份，雙方各執兩份。四份文本中對應表述的不同用語所含意義相同，四份文本具有同等效力。

附件一　貨品貿易早期收穫產品清單及降稅安排

附件二　適用於貨品貿易早期收穫產品的臨時原產地規則

附件三　適用於貨品貿易早期收穫產品的雙方防衛措施

附件四　服務貿易早期收穫部門及開放措施

附件五　適用於服務貿易早期收穫部門及開放措施的服務提供者定義

（二）ECHA效益預估

依據中華經濟研究院以GTAP模型研究，兩岸簽署ECFA對台灣經濟之影響，研究結果顯示簽署台灣GDP、出進口、貿易條件、社會福利均呈現正成長，對總體經濟有明顯正面效益。此外，簽署後對台灣的利益還包括：

1. 取得領先競爭對手國進入中國大陸市場之優勢：台灣銷往中國大部分工業產品之關稅降為零；台灣將較日韓等競爭對手國更早取得進入中國大陸市場之優勢，進而取代日韓之地位。

2. 成為外商進入中國大陸市場之優先合作夥伴及門戶：因台灣銷往中國大陸之貨品享有關稅優惠、台灣對智慧財產保護較為周全等因素，將有助於歐美日企業選擇將台灣作為中國大陸市場之門戶，並可吸引外人來台投資，有利台灣經濟結構轉型。

3. 有助於產業供應鏈根留台灣：一旦中國大陸大部分工業關稅降為零後，藉由兩岸直航之便利性，有助於整體供應鏈根留台灣。

4. 有助於中國大陸台灣商增加對台採購及產業競爭力：中國大陸進門關稅降為零後，自台灣進口相對成本降低，台商自可增加自台灣採購之數量，同時因品質較佳及成本降低將有且於台商在中國大陸競爭力之提升。

5. 加速台灣發展成為產業運籌中心：由於大三通貨物及人員流通之便利性，配合雙邊貨品關稅降低及非關稅障礙消除等貿易自由化效果，

　　將可重新塑造台灣成為兼具轉口、物流配銷，終端產品加工等全功能運籌中心之機會。搭配政府放寬台商赴大陸投資之限制，鼓勵台商回台上市等激勵措施，將可促成台灣成為台商運籌帷幄之「營運總部」。

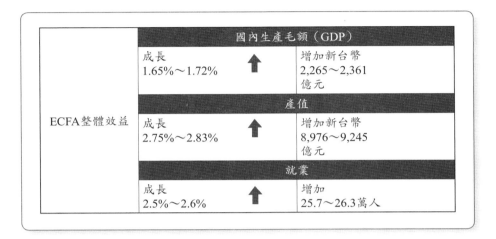

ECFA整體效益	國內生產毛額（GDP）		
	成長 1.65%～1.72%	⬆	增加新台幣 2,265～2,361 億元
	產值		
	成長 2.75%～2.83%	⬆	增加新台幣 8,976～9,245 億元
	就業		
	成長 2.5%～2.6%	⬆	增加 25.7～26.3萬人

第15章

國際企業管理個案研討

〈引言〉

　　本章提供十個國際企業管理的國內外個案，希望授課老師及同學們能以「個案教學」方式進行互動研討及詢答。希望從這些國際企業的實務發展中，找到與理論觀點相關的，以及跨國企業實戰上發展出來的實況及現象，然後歸納這些實況與現象，變成我們的深一層知識、常識及見識。如此，我們即可以深化國際企業管理的學習心得、觀點及結論。

　　這就是個案教學的最大用處及目的。

〈個案15-1〉

資生堂行銷中國成功之道
創下連續四年高成長佳績

　　日本資生堂在中國的營收額，從2004年的200億日圓，一路成長到2007年的600億日圓，四年來，平均年成長率均超過30%，營收額更成長三倍。

　　在1994年時，資生堂以中國當地製造及當地行銷的品牌AUPRES，當時在百貨公司專櫃上成為暢銷的第一品牌，並打下資生堂遠征中國市場的堅實基礎。

　　2001年後，由於中國加入WTO世貿組織，外資化妝保養品牌大舉進入中國市場，整個市場競爭加劇，且通路亦更加多元化，從百貨公司、藥妝店、量販店、超市及個人專賣店等均可輕易買到各式各樣各品牌的化妝保養品。

　　資生堂的品牌名稱，起源自易經中的「萬物資生」，頗受到中國消費者的歡迎。經中國統計局統計，中國都市化人口中間所得人口的女性，大約有1億人，這個市場遠比日本的5,000萬女性市場更大，這也就是資生堂為何在1990年代初期，即到北京設立在地工廠，並展開在地行銷的工作。

通路經營能力有一套

　　資生堂目前在中國各大百貨公司設有800個專櫃，再加上個人連鎖店2,760間，合計超過3,560個營業通路，其通路規模數及密集度算是佔有領先地位，這對資生堂營收的成長，奠定穩固的基礎。資生堂更將總通路據點數達5,000點設定為挑戰目標。

　　日本資生堂自1943年創業以來，即逐步演化出、並強化它的行銷通路經營Know-how（秘訣、制度）。這一套資生堂專屬的Know-how相當完整，從商品販售、商品知識、美容技術、店鋪設計、店鋪營運、行銷宣傳及產品組合等均有一套制度、辦法、規

則、要求標準及設計規格。而資生堂也會將這套Know-how全數教導給旗下加盟個人專賣店的店主們，其原則目標，即在追求雙方的共存共榮。只要通路越強，資生堂的產品銷售管道就愈來愈多及愈好。

在中國經營致勝的四個核心經營概念

資生堂公司總結在中國市場經營十多年來的心得及經驗，想要經營致勝，大概要擁有四個核心概念才行：

第一，要有正規產品。

在中國市場不能賣假貨，也不能賣品質低劣的商品。一定要有高品質、要有正記商標、要有信用、要優質化，如此正派、正規經營，久了就會得到口碑、信賴及忠誠度。

第二，要有親近感。

化妝保養品除了少數開架式自由取拿外，大部份仍要靠美容顧問師，彩妝師的親切說明教導及解惑，必須讓消費者感到親切，以增加消費者對商品及品牌的好感度。

第三，要有誠意感。

中國消費者買東西除了要有親切感外，也要有誠意感。誠意就是真心為消費者的皮膚好、為消費者裝扮得更加青春美麗著想，要真心誠意為消費者付出，這種真心誠意要能讓消費者感受到。

第四，要具有皮膚保養的真正專家。

美容顧問師或技術師必須具備充份的美妝、保養、護膚、生化及產品等多方面的知識，必須展現出是一個可以為消費者解決煩惱或創造美麗不衰名的專家才行。

以上這些，在資生堂公司培訓手冊「資生堂Beauty way」（資生堂美容之道）中，都名列其中並有充分的講解。

今後努力的方向與策略

資生堂中國事業部長高森童臣表示，今後對中國化妝保養市場的高速成長，仍抱持高度樂觀及信心。他認為資生堂今後在中國市場的行銷策略與經營方向，應該把握以下幾點：

第一，持續深化消費者需求的研究及洞察。

過去資生堂在這方面已累積了不少的市調結果及數據資料庫，今後仍將持續下去。

第二，認清中國各地區各省市的差異化，而施展不太相同的行銷操作方法及內容。

資生堂了解到中國有卅一個省、直轄市、自治區及兩個特別行政區等。但各地區、各省市的天氣、膚種、消費思想、價值觀、社會風俗……等都不盡相同，故不能有全國統一化的作法，一定要加以區隔化及細分化，採取差異行銷。

第三，持續擴大全國通路據點。

百貨公司專櫃及個人專門店仍是

資生堂業績來源的兩大支柱，本來的據點數，將從現在的3,500店，邁向5,000店的目標，最終2015年希望突破10,000店。屆時，將是最強通路體系的第一品牌化妝、保養品公司。

第四，加速擴大經常購買的會員人數。

現在，中國資生堂每月經常性回購的會員人數，大約在340萬人，未來將朝每年成長20%目標前進，希望達成500萬新會員人數。

第五，持續深化品牌力。

資生堂發覺到中國消費者仍是高度重視名牌或有品牌的產品。資生堂在日本、在全球早已很有名，在中國當然也不例外，但品牌力的深耕是不能一刻停留的，未來，資生堂仍要持續在廣告及公關報導方面，加強打造及深耕資生堂的公司品牌及其產品系列品牌，並做到品牌高級化及高檔品牌的設定目標。

第六，提升服務品質及反應力。

資生堂已在中國當地設立客服中心（Call-Center），接受來自中國卅一個省市地區消費者的抱怨、疑問或意見的表達。服務品質的好壞及問題立即解決能力的快與慢，也直接影響到消費者對資生堂這個品牌的好或不好感受與評價。未來的資生堂將加強服務力的展現。

第七，建立顧客資料庫，推動CRM。

目前資生堂在全中國已有375萬名常客，未來更將目標設定為成長到500萬名。這些巨大顧客資料庫名單將輸入到CRM（顧客關係管理）系統去，然後加以分級處理及分級對待，找出特優良及優良級的好顧客，給予特別的回饋優惠，真正做好對優良忠誠度高客戶的真心對待。

第八，推出日本研發上市，全球同步行銷上市的產品規劃。

資生堂近年來已測試過安耐麗，美人心機……等，全球同步行銷上市的產品規劃與執行，都帶來不錯的成果，並且由日本總公司提供具有高吸引力的日本拍攝廣告後，在全球各國播放，達到全球行銷資源平臺的共同效益。

第九，推展企業社會責任。

最後，資生堂也注意到近年來CSR（企業社會責任）的盛行，也積極在中國推展社會公益活動及社會回饋工作，希望創造好企業公民（corporate citizen）形象，並博得中國人民對資生堂公司的好感度。

結語：提升中國女性之美

資生堂中國專業部長高森童臣誠摯地表示：「資生堂真心希望為中國女性之美做出貢獻，並希望中國整體『美意識』可全面向上提升。唯有秉持此種經營理念，才可確保資生堂在中國巨大市場的永續成長之道。」

問題研討

1. 請討論資生堂在中國市場目前的現況為何？

2. 請討論資生堂通路經營能力的狀況為何？

3. 請討論資生堂在中國市場經營致勝的四個核心經營概念為何？為何是這四個？

4. 請討論資生堂今後在中國市場努力的方向及策略為何？

5. 請討論「提升中國女性之美」此句話之意涵為何？

6. 總結來說，從此個案中，您學到了什麼？您有何心得，觀點及評論？

〈個案15-2〉

SONY開拓印度市場的成功經驗

　　以人口數來計算，印度為全球第二大國家，總人口數達11億，對世界各大家電及電子公司而言，這巨大的市場正是他們極想切入及開發的區域。但印度在語言、文化、地域、習俗等方面，都與其他歐、美、日先進國家不完全相通，故有其一定之進入障礙。但日本SONY公司在印度卻有不錯的經營成果，即便在2008年第三季面臨全球金融風暴與全球經濟衰退之際，SONY在印度的營收成長率竟仍有30%的高水準呈現，2008全年營收額更達9億美元。而SONY的「品牌知名度」與「想購買度」在印度一項調查中，亦位居第一位，高過NOKIA、三星、LG、Panasonic、飛利浦等世界大廠。

成功開拓印度市場五大因素

　　能夠成功開拓印度市場，SONY總公司派駐在印度當地公司的日籍總經理玉川勝表示，這可歸納於下列五大因素：

第一，投入強大廣宣費，打造出第一品牌氣勢。

　　玉川勝總經理指出：「SONY在印度成功的首要基礎，即在於它的高知名度與高指名度的品牌形象塑造。這就好比是空軍一樣，具有空中的競爭優勢。品牌的威力，在先進國及像印度一樣的開發中國家都是重要的因素，尤其，家電及電子產品，是屬於耐用財的品類，消費者更會看重品牌因素，在印度也不例外。」

　　而SONY品牌能夠在印度市場與消費者心目中奪下第一品牌，主要依賴投入強大的廣告量。印度SONY的廣告量投入，大概是其他國家比例的二倍，平均佔營收比達到5.5%之多，在其他國家SONY廣宣費的比例約只有2%-3%之間。換言之，每100元的營收創造，其中就要花掉5.5元的廣

告費。這些廣告費主要集中在液晶電視、筆記型電腦、數位照相機及手機等四個主力產品領域。

SONY在印度的廣告影片（CF）製作，大部份以當地化人物、當地化風景及當地語言播出，很受到印度人的好感，是成功的廣告策略。

第二，行銷通路網的全面擴大。

除了上述空軍角色的「品牌」之外，SONY在印度還擁有成功的陸軍角色，即「銷售網」。

到2006年止，SONY在印度的銷售據點分公司成長二倍，全國廣設分公司，數量達21個之多，這些銷售通路，全都設在印度重要的21個大城市裡，SONY對直營據點SONY Center的目標，則預計在五年內要成長2.5倍，達到全印度250個直營連鎖店。

除了SONY專賣店直營體系外，SONY也對傳統的印度家電行、量販店、旅館、資訊3C連鎖店等開拓上架。各地區、各街道的傳統家電行，對SONY而言也是非常重要的銷售管道，商品便是透過印度全國各當地的經銷商代為拓銷。行銷通路網在SONY強攻印度廣大幅員、巨大人口地區的重要商戰中，扮演著最重要的地面作戰部隊陸軍角色，也為SONY帶來重要的業績貢獻。

此外，為配合SONY良好的品牌形象，SONY印度公司對售後服務也提供良好的制度，目前已設有11個大型的Service Center（服務中心），以及200個較小的服務站據點。

第三，對現地人才育成不遺餘力。

SONY在印度擁有強大販賣力的重要因素，就是它對現地化的大力支持與現地人才的大力採用與培養。

目前在印度各城市21個分公司中，其分公司經理都是印度人，沒有一個日本派駐；即使在印度總部，也是有總經理及財務主管是日籍人士，其餘行銷副總經理、業務副總經理等都由印度人士出任。

其實，這也是日本SONY總公司近十年來，開拓海外市場的基本政策，亦即派赴的日籍人士數量降到愈低愈好，完全要取用自各國當地優秀且忠誠的人才為主。這種對印度人才的重視及制度，對他們開拓印度市場帶來較高的依賴感、熟悉感及成就感；也使SONY日本總公司省掉很多不必要的派駐人員麻煩及相關費用支出。

第四，開發當地化適用的獨特商品。

除了上述三點之外，SONY公司也針對適合印度本地市場的商品加以適時開發。例如，日本SONY液晶電視機的全球共通款式都是以40吋的機型為主力；但在印度市場就不能僅提供單一機種，由於印度國民所得有限、家庭坪數不算太大、富有人家也

不是很多，因此，較小及較便宜的19吋及26吋液晶電視機反而賣得較多，這些都是因應印度市場的獨特性而開發出來的專屬機型。這些當地化的本土機型，幾乎也佔了銷售量的一半比例之高。

第五，集團資源綜效運用，發揮相應效果。

最後，在印度市場拓展成功的因素是SONY靈活運用整個集團的資源，各部門彼此相互支援，以發揮綜效價值。例如，SONY在電影部門、音樂發片部門、手機部門、家電部門、game遊戲部門及數位電子部門等，這些單位在支援促銷活動、廣宣活動、代言人活動及業務活動等，都能強力協助，發揮友誼，創造良好成果，這些都得利於整個集團有豐富資源所致。

印度市場是位於南亞洲的最大市場，其11億人口數僅次於中國大陸，隨著五年、十年後，印度國民所得的逐步增加及經濟成長率上升，印度11億人口市場將會具有翻一倍、二倍的強勁成長潛力。SONY總公司即以非常前瞻的眼光，預為做此佈局，如今已打下良好基礎，未來SONY在海外市場印度的飛躍成長將是可以期待的。

問題研討

1. 請討論SONY公司在印度市場成功開拓的五大因素為何？
2. 請討論SONY公司在印度市場投入大量廣宣費時，如果面臨前幾年可能會虧損時，您會有何看法？為什麼？雖然此個案並未討論此內容，但請您想一想。
3. 請討論SONY公司為何要當地化及當地人才運用？此舉有那些益處？
4. 請討論全球化統一商品與當地化商品的適用狀況？SONY兩者都有兼顧嗎？
5. 總結來說，從此個案中，您學到了什麼？您有何心得，評論及觀點？

〈個案15-3〉

Panasonic的世界野望

2008年10月1日起，松下電器產業公司正式消失，取而代之的是「Panasonic」公司，過去的松下或國際牌（National）均將一去不復返了。Panasonic 2007年度的獲利總額，創下過去最高記錄，海外銷售佔比佔了一半以上。從過去「日本的松下」，

已轉變成為「世界的Panasonic」了，這都是松下過去幾年來苦鬥的輝煌成果。

在新興國家展開攻勢

Panasonic自2007年度以來，即針對全球東南亞、中東及金磚四國（中國、巴西、印度、及俄羅斯）等廣大市場且深具潛力的新興國家的特性，開發出多款低價取向且多元的新商品家電，包含冰箱、冷氣、液晶電視機、電鍋……等，由於商品品質好又平價，銷售數量因而扶搖直上。2008年度的營收額較2007年成長25%，達到5,000億日圓的高成長營收目標。

最大市場必爭之地的美國

家電及液晶電視機最大市場，即為美國市場，該市場佔全球30%的市場銷售量。面對韓國三星及LG液晶電視機在北美地區的超低價攻勢，Panasonic及SONY兩家日本公司都打得非常辛苦。

面對美國Wal-Mart及其他量販店也逐漸成為銷售液晶電視機的主流通路事實，液晶電視機未來不可避免的也會走向低價取勝的事實，Panasonic已在日本兵庫縣姬路市的工廠，組裝低價的液晶電視機。

此外，Panasonic的VIERA品牌液晶電視機，也全力佈建銷售通路，目前，正以各州為單位，徵選優良的地區性經銷商及量販店，給予較高的銷售獎勵金、商品配送、售後服務、技術支援、行銷技術培訓等，希望扶植出更強大的經銷與零售通路體系。目前，全美下游通路商總數已達23家公司與旗下420家店，平均的營收額都比去年成長四成。而Panasonic原先行銷人員已從25人擴增到75人仍尚不足以對應全美市場，估計將擴增到100人的銷售支援派出人員，才能滿足全美50個州地區經銷商的需求。

北美市場對Panasonic海外整體事業的成長與佔比，重要性極高，估計達到50%之譜。因此，北美的挑戰，是Panasonic企業成長的關鍵所在。

設定未來長期計畫的十項主題

現任Panasonic公司總經理大坪文雄，他所關心的是未來十年Panasonic會是怎麼樣的一家公司。首先，他從十年後，整個世界環境與社會環境的改變將會如何發展著手，他要求研發部門及經營企劃部門，針對十年後的商品及事業的演變，提出有關健康、網路……等相關性的十項研發主題，描繪出技術、消費者及家庭的潛在需求變化。其中，有一項自動化機器人（ROBOT）更是直屬他來負責規劃掌管的重點項目。大坪總經理表示：「經營者必須前瞻未來世界的改變，而以創新的思維、技術力做支持，不斷超越消費者的美滿生活需求，這樣就能立於不敗之地。」

「世界的Panasonic」充滿挑戰

　　大坪總經理認為Panasonic 2009年度的全球營收額將可以突破10兆日圓的歷史新高，而ROE（股東權益報酬率）也可以達到10%。他早在2007年時，即對外發表「GP3計畫」，即全球成長戰略三年中期經營計畫與宣言，宣示2007年到2009年的全球成長目標與計劃。

　　Panasonic公司在2001年時，曾面臨近廿年來的首度虧損，陷入經營危機，並上演資遣1.3萬名員工的震撼戲碼。隨後，在卓越的中村邦夫接任總經理後，有效地穩住松下岌岌可危的局面，並轉虧為盈。2006年再由大坪文雄接任總經理，持續改革與步向全球拓展策略，使松下在營收及獲利均能穩定成長，終至2008年10月1日正式更名為全球統一化品牌Panasonic。此後，過去所有旗下產品線，包括冰箱、洗衣機、冷氣機、液晶電視機、行動電話、住宅用小家電、DVD機、照明用具、居家建材……等數項原掛有「松下」或「國際牌」之商品，全改為一個品牌Panasonic了。

　　抵達「世界的Panasonic」之目標，這段路途仍然遙遠及充滿挑戰，身為日本第一大家電公司的Panasonic，面對韓國三星的強大競爭，仍有一場世界級戰爭需要面對及過關。

問題研討

1. 請討論Panasonic在新興國家及北美海外地區如何拓展？

2. 請討論Panasonic大坪總經理為何要設定未來長期計畫的十項主題？

3. 請討論「世界的Panasonic」今後將如何發展？

4. 總結來說，從此個案中，您學到了什麼？您有何心得、評論及觀點？

〈個案15-4〉

日本麥當勞高成長經營秘訣

　　2009年2月26日，日本麥當勞旗下所屬直營店及加盟店員工合計3,500人，集合在神戶市展覽中心，舉行年度經營大會。日本麥當勞CEO原田泳幸在大會以自信的口吻，簡報著他自2004年接手面臨重大經營危機五年以來由虧轉盈的經營績效，以及他所號稱的「原田改革」歷程。

營收及獲利績效，達歷史新高

　　日本麥當勞在2008年度的營收總額高達5,183億日圓，是日本外食產業

正式突破5,000億日圓歷史大關的第一家。原田泳幸執行長還在會場上,正式宣佈2012年將必突破6,000億圓的營收大關願景,引來會場一陣激昂的沸騰。

這個故事要從2001年談起,日本麥當勞是美國麥當勞總公司授權最大的海外市場,但由於日本麥當勞當地的領導人及其策略出了問題,使日本麥當勞從2001年的3,500億日圓營收一路下滑,到2002年及2003年甚至出現嚴重的虧損。後來原田泳幸被挖角應聘為日本麥當勞的新任CEO,並擔負起改革危機與振衰起敝的重大責任。就任五年來,凡事朝合理化及創新改革去做決斷,果然把這艘快要沉沒的麥當勞大船從迷航中救回來。

原田永幸在就任五年內,全公司營收淨增加1,316億日圓,獲利成長163億日圓。而總店數反而從過去的3,773店,小幅刪減到3,754店,顯示每一店的營收額及獲利額均較過去五年前顯著的提升了,這就是原田五年來的改革成果。

原田改革的足跡

一般人都認為日本麥當勞好業績,是因為在2005年時,首度打出100日圓超低價漢堡之所致。其實,那只是見樹不見林的一方偏見。100日圓漢堡的推出只是一個吸客的引子而已,在2008年日本麥當勞也曾推出350日圓中高價漢堡,也創下好業績,甚至目前最高價的也有790日圓的雙層厚漢堡,原田認為中高價位的漢堡,才是日本麥當勞近年來業績大幅提升的牽引力。從另外一種觀點看,日本麥當勞產品研發本部每一年都不斷開發出新產品,而且都很熱賣,因此吸引不同顧客層,並維持營收成長,此產品力的貢獻是很強大的。

原田泳幸認為日本麥當勞的改革基礎點,仍要回到公司經營理念的「現場QSC」(品質、服務、及清潔)的外食產業本質問題上,並且集中經營資源全力投入。在日本各地每一家麥當勞店,消費者都可以感受到原田改革的足跡,包括:

1.推出24小時營業時間,迎合更多夜貓族的需求。
2.廚房機器的大幅更新,使得能夠加決滿足顧客食用的秒數等待時間,他們為此而喊出「made for you」(MFY)的口號宣傳。
3.建置店內無線上網的環境,以吸引年輕上班族群的增加。
4.店內員工制服也經過大幅更新款式,顯示出第一線員工有更高的氣質感與朝氣。
5.店內菜單的POP招牌及販促活動看板,也經過改良更新,更加吸引人注目。
6.不斷打出價值感訴求,並不斷充實

100日圓低價漢堡的式樣及內容，使消費者感受到物超所值。

7. 另外，還導入McCafe咖啡供應及導入地區不同的價格取向。

8. 強力中止任意的拓店策略，以避免投資損失。

9. 展開業務體系的組織改革，將五個地區本部組織加以解體，使更加扁平化。

10. 另外，全面落實貫徹QSC理念的企業文化改革。

麥當勞朝加盟化之路邁進

原由泳幸對未來麥當勞的經營戰略，就是朝向加盟化的便利商店之路邁進。日本麥當勞近幾年來得到寶貴經驗是他們必須加速將直營店改變為加盟店。日本麥當勞公司將仿效美國麥當勞公司的制度，從加盟店中抽取2.5%-3%營收額的權利金保障制度。原田泳幸的最終目的是希望做到70%的加盟店及30%的直營店結構。麥當勞加盟體系的極大化，意味著加盟者（加盟店東）必須負責既有的投資及現場營運效率的改善。而日本麥當勞公司總部則專心負責新暢銷商品的持續開發，品牌形象打造及整合行銷活動等三件大事即可。

此種專業分工與加盟制度，其結果就是會使日本麥當勞的總資產運作報酬率及獲利率得到最大的提升。這一套know-how是他們看到美國麥當勞總公司比日本麥當勞公司有更好經營成果而決定仿效，迄至2009年日本麥當勞加盟店的佔比已達到45%了，距離70%目標已不遠。

至於「便利商店化」，原田的策略用意，是指必須提高在麥當店內用餐的各種便利性服務而言。

日本麥當勞的卓越表現，已成為麥當勞總公司在全球市場值得表揚的最佳成功典範。而「原田改革」正是使這艘大船能夠正確與有膽識不斷鼓浪前進的最大支撐點與秘訣原因所在。

問題研討

1. 請討論日本麥當勞的營運績效狀況如何？
2. 請討論原田改革的內容為何？
3. 請討論日本麥當勞為何朝加盟之路邁進？
4. 總結來說，從此個案中，您學到了什麼？您有何心得、觀點及評論？

〈個案15-5〉

豐田、SONY、永旺（AEON）、拜耳及IBM公司的管理組織變革

一、TOYOTA：從集權到下放，日本本土人才荒，授權當地公司

企業將被要求在組織與管理上有所改革，究竟是由總公司管理還是區域總部管理，抑或由當地統籌？因為最前線運作方式不同，總公司的角色也必須改變。

源於1985年「廣場協定」（Plaza Accord）而引發的日圓升值，加速日系企業前往東南亞的投資腳步。那時幾乎都是由在日本的總公司主導當地的經營管理。

例如，豐田汽車從建廠到生產新車，以及品質改善等方面，大多是由日本派來的員工主導。這種方法主要著眼在利用低廉的人事成本，將日本產品移往海外生產，而這也的確發揮了效果。但是隨著海外擴展的持續進行，來自日本的人才供給已到了極限，而在當地也成為廣大的消費市場後，豐田汽車開始將權限移轉至當地分公司。

二、SONY：設歐洲第二總部，加快反應速度，力拼勁敵

另一家大企業SONY，則是將全球切割成四大區塊以進行分層授權。四大區塊分別為日本、北美、歐洲、亞洲及其他，由各區域總部負責統籌管理鄰近的新興國家。當地的生產與產品、行銷策略等全權交由各區域自行管理。

去年，SONY為了加強對區域的重視，在歐洲各子公司中選擇在匈牙利設立專門統籌中東歐十三個國家的專業部隊，一切只為了能更有彈性的回應急速成長的市場。

如此加強重視區域的背後，有著與韓國三星電子（Samsung）的對決。在西歐液晶電視市場，SONY與三星正爭奪著市場龍頭寶座；另一方面，在中東歐則有韓國勢力加上荷蘭飛利浦，戰況非常激烈。從映像管到薄型電視的需求正在加溫，SONY卻暫居下風，為了挽回頹勢，因而設立了第二區域總部，祭出「將功能直接傳達給消費者」的策略，以對抗大量投入廣告行銷的三星。

SONY在波蘭的華沙利用整個十二月，將高解析度薄型電視與數位攝影機大量陳列在購物中心，並設置消費者體驗專區，成功展現出與競爭者的差異。這個動作，終於讓SONY在去年耶誕節促銷戰的銷售出現50%的成長。

統籌歐洲SONY的西田不二夫社長表示：「在急速成長的市場，經營層決策速度是最重要的。再來是設立專責中東歐的第二區域總部、有效率

的配置戰力、以及巨細靡遺的制定策略」。SONY目前在中東歐地區的電視市佔率已經與三星並駕齊驅。在割喉戰中，SONY得到的答案是：要設立更能貼近市場的組織。

三、日本永旺：子公司獨立上市，因應伊斯蘭教特性彈性出擊

落實強化區域管理，也不乏進一步讓當地子公司獨立的例子。積極在東南亞各國的超市或金融服務上布局的永旺集團（Aeon Group）就是其中一例。不但保有事業部門的獨立性，更在當地讓股票上市。

例如去年十二月在馬來西亞上市的永旺信用服務公司（Aeon Credit Service），不但藉此加強了本身籌資的獨立性，而早在去年一月，更成為第一家運用伊斯蘭教金融與當地銀行共同發行總金額約一百三十六億日圓（約合新台幣四十億元）債券的日系企業。

該公司擁有的八萬名信用卡會員及三十八萬個聯名卡會員中，有85%為伊斯蘭教徒。基於伊斯蘭教教義，當地不允許有孳息行為，因此，永旺信用轉而運用伊斯蘭教金融體系來操作資金，包括在2002年的個人金融，及2004年的機車分期。這兩項業務的交易金額，在2007年二月總計比前期成長了56%。

永旺集團的經驗顯示，因應超出本國經驗的當地市場，在巧妙的聽取客戶需求後，融入當地的判斷力，及可彈性應對的自主性，皆變得相當重要。

四、拜耳、IBM及奇異：事業總部外移，從中央集權變網絡型組織

更進一步來看，歐美的大企業已經出現將事業本部移到新興國家的情形。

擁有一百四十五年歷史、發明解熱劑阿斯匹靈的全球知名大廠拜耳，也正急著將重心轉到新興國家。去年十月德國化學大廠拜耳集團將熱可塑性聚胺酯（TPU）事業國際本部移到香港，並買下同樣生產樹脂的台灣廠商（編按：拜耳於去年七月購併台溥優得公司），這全因生產據點以及市場主軸都已大幅移轉到亞洲之故。

此外，美國IBM將採購部門核心移到中國深圳，美國奇異公司也將水道事業行銷總部移到市場潛力大的杜拜。為了經營新興市場。企業已改變策略將總公司移到這些地區，而企業亦由中央集權組織轉為網絡型組織。

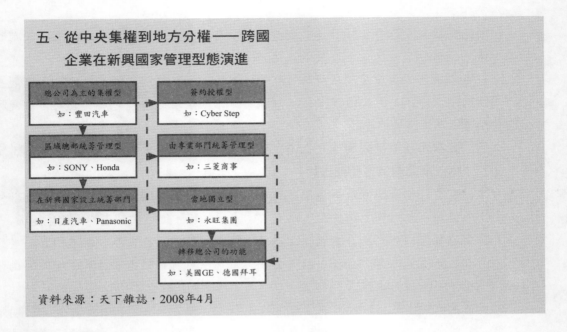

五、從中央集權到地方分權──跨國企業在新興國家管理型態演進

資料來源：天下雜誌，2008年4月

問題研討

1. 請討論TOYOTA公司對海外公司的管理改變？

2. 請討論SONY公司對海外公司的管理改變。Why？

3. 請討論日本永旺對海外公司的管理改變。Why？

4. 請討論拜耳、IBM及奇異對海外管理的改變為何？

5. 總結來說，從此個案上，您學到了什麼？您有何心得、評論及觀點？

〈個案15-6〉

台灣傑騰貿易：全球第一大不鏽鋼餐具王

一、台灣的驕傲：羅浮宮指定收藏的餐具

走進法國羅浮宮，館內專門展出現代設計工藝品的展區裡，被譽為「義大利風格設計工廠」（factory of Bel design Italio）的義大利知名品牌Alessi，無疑是其中的佼佼者之一，當中一組精心打造、刻有孩童生動表情的不鏽鋼餐具，讓遊客佇足端詳，這組餐具還同時獲得美國現代藝術博物館（MoMA）指定收藏。

鮮少人知道，這組餐具，竟是出自一家台灣公司之手。

二、生產高價餐具，年營業額達20億元，佔全球餐具市佔率15%

傑騰貿易，坐落桃園市一條少人經過的巷弄，外觀與一般貿易公司無異，卻是全球產量最大的不鏽鋼餐具製造商，去年傑騰每月餐具產量高達一千二百萬支，年營業額將近新台幣二十億元，占全球餐具市場約15%，除Alessi找它合作，德國達恩福（WMF）、丹麥Bodum等知名品牌與瑞典家具品牌宜家家居（IKEA）的餐具，近半數都由其代工生產。

傑騰的拿手絕活是將居家或廚房中最基本的物件化身為藝術品，一般餐具每組（編按：包括二十四支餐具）的零售價格約四十美元（約合新台幣一千三百元），傑騰所生產的餐具，擺在Alessi專賣店中，卻是每支餐具就開價四十美元。不起眼的餐具產自它手，立刻如鍍金般身價暴漲。

但打造出這家全球最大不鏽鋼餐具公司的掌門人——傑騰貿易總經理陳弘聖，在二十年前創業時，不過是一個以勞力換取金錢的搬貨櫃小夥子。

陳弘聖如今在餐具業界的天王地位，來自於他不只敢冒險，還敢冒別人不敢冒的風險。與陳弘聖相識甚深的大才不鏽鋼董事長李清標，以「他根本是毋驚死（台語，不怕死）！」生動形容出陳弘聖的性格。

三、採取垂直整合阻斷策略，奠定全球第一大地位

曾擔任台灣區不鏽鋼餐具公會理事長的許澤耀即指出，在台灣餐具產業中，垂直分工的遊戲規則一直相當明確，任一家餐具廠，都必須依賴包括模具、塑膠射出與鋼材等衛星廠的配合，才能順利出貨。

陳弘聖卻硬是打破此遊戲規則，他想的是「一條龍」生產。因此，他以高於市場一倍價格，買下主要競爭對手的模具、塑膠射出等衛星廠，不只開價誘人，陳弘聖還肯無條件讓出5%股權，以籠絡人心留住員工。兩年時間，傑騰購併了三家同業的衛星廠，另外一家不願隨傑騰到大陸打拼的模具廠，陳弘聖則是出一倍價格，提出的要求只有一個：希望該家模具廠從此收山，退出江湖。

如此做法，立刻對同業造成巨大衝擊，國內餐具進出口商漢佰貿易總經理林安鴻即指出，由於衛星廠相繼遭傑騰收編，因此，其他餐具廠往後只能依賴舊產品維生，在新產品的突破上再難與傑騰相抗衡。

靠著「讓同業斷炊」的做法，傑騰到大陸設廠的第三年起，陸續接獲IKEA、沃爾瑪（Wal-Mart）等歐美大型連鎖店的訂單，因此得連續四年都以將近50%的成長速度迅速膨脹，到了民國90年，傑騰一家的營收，已超

過全台灣所有餐具廠總合，並從此奠定其全球第一大不鏽鋼餐具廠地位。

四、轉型高檔設計，透過最嚴格的52道品質製程，創造出頂級不鏽鋼餐具

在成為全球第一大不鏽鋼餐具製造商的同時，陳弘聖開始思考如何轉型，花上三年才培養的師傅遭大陸同業以三倍薪水挖角的事件發生幾次後，他認知到，若論比拚成本，終究會遭不斷崛起的大陸當地工廠浪潮給淹沒，因此，傑騰必須走向高階餐具市場，而高階餐具的勝負關鍵在於設計與新製程。

一直以來，陳弘聖和同業相比，最大的不同處在於敢衝敢冒險，決定進軍高階餐具市場後，陳弘聖不再以擴產為優先，他將全付心思放在餐具的外觀與製程改善上，為此，他開始勤跑全球各地工業設計展，從中激發靈感；為此，他重新站回生產第一線，思考製程能如何再細分。陳弘聖指出，效率不再是唯一，慢工細活，才能做出更完美的餐具，並進一步保證傑騰的設計風格。

在民國92年之前，陳弘聖是傑騰唯一的設計師，至今他已設計出超過三萬種的餐具，而為能走進高階餐具市場，傑騰開始與歐美知名設計師合作，四年下來，傑騰的客戶名單中，陸續增加有德國WMF、義大利Alessi

與丹麥Bodum等全球知名餐具設計品牌。至此，傑騰從一家只是替IKEA生產每組零售價格三十九美元廉價餐具的供應商，搖身一變為放在Alessi專賣店中，打上聚光燈，每組零售價格高達四百九十九美元的高檔餐具工廠。

要想生產高階餐具，不只在外觀設計上得花工夫，還必須重新設計餐具的主產製程。走進傑騰工廠內，空氣中的高溫幾乎讓人窒息，有數台價格逾新台幣一千萬元的鍛鑄設備，正以將近攝氏八百度的高溫將不鏽鋼「軟化」後重新塑形，傑騰是全世界第一家以鍛鑄方式生產餐具的工廠，負責這座鍛鑄工蔽的廠長陳勇誌說，「鍛鑄過程，就像古代製作寶劍一般，不像是生產餐具，更像是打造藝術品。」

重新定義餐具生產製程的遊戲規則，讓傑騰吃足了苦頭，舉例而言，生產低階餐具的同業，製作一把餐刀只需要二十四道製程即可出貨，傑騰的高檔餐刀卻得花上五十二道製程，當中，光是「砂磨」這道，傑騰就得依照磨邊、磨角、磨縫與磨曲度各自量身訂做出總計近二十道製程。

五、力圖技術升級，擺脫中國大陸廠削價競爭

技術升級也讓傑騰得以擺脫大陸工廠削價競爭的威脅，目前傑騰高階餐具佔總出貨量20%，但營收比則高

達逾50%，每套餐具的平均出貨價，則從五年前的低於十美元，如今已拉高到將近二十美元。

六、下個目標：將自有品牌，推向世界舞台

陳弘聖的下個目標，是要將自有品牌「Selene」推向世界舞台，對他而言，才算是圓了夢想。

（資料來源：商業週刊，2008年4月15日）

問題研討

1. 請討論本個案的公司得到了那些值得台灣驕傲的成就？

2. 請討論傑騰貿易公司主要為誰OEM代工生產？營收額如何？全球市佔率多少？價格策略為何？

3. 請討論傑騰公司老闆陳弘聖先生採取了什麼樣的阻斷同業的策略？此策略造成了什麼樣的影響？

4. 請討論傑騰公司的成功不是天上掉下來的，該公司的品質控管製程如何？您看了有何感想？

5. 請討論傑騰公司如何才能擺脫中國大陸同業廠的削價競爭？

6. 請討論傑騰公司陳老闆下個目標最想做的是什麼？why？您認為他會成功嗎？是否值得做？why or why not？

7. 總結來說，從此個案來看，您學到了什麼？您有何心得、啟發及評論？

〈個案15-7〉

頂級尊榮精品　寶格麗異軍突起

全世界知名的珠寶鑽石名牌精品寶格麗（BVLGARI），創始於1894年，已有112年歷史。寶格麗原本是義大利一家珠寶鑽石專賣店，1970年代才開始進入經營珠寶鑽石的事業，1984年以後，寶格麗創辦人之孫崔帕尼（Francesco Trapani）就任CEO後，才全面加速擴展寶格麗的全球頂級尊榮珠寶鑽石飾品，及鑽錶的宏偉事業。

產品多樣化策略

崔帕尼接手祖父的寶格麗事業後，即以積極開發事業的企圖心，首先從產品結構充實策略著手。早期寶格麗百分之百營收來源，幾乎都是以高價珠寶鑽石首飾及配件為主。，但崔帕尼執行長又積極延伸產品項目

到高價鑽錶、皮包、香水、眼鏡、領帶……等不同類別的多元化產品結構。

去年寶格麗公司營收額達9.2億歐元（約510億台幣），其中，珠寶鑽石飾品佔40%，鑽錶佔29%，香水佔17.6%，皮包佔10.6%，以及其他3.1%，產品營收結構已經顯著多樣化及充實化，而不是依賴在單一化的飾品產品上。

打造高價與動人的產品

寶格麗的珠寶飾品及鑽錶是全球屬一屬二的名牌精品，崔帕尼執行長曾表示：「寶格麗今天在全球珠寶鑽石飾品有崇高與領導的市場地位，最主要是我們堅守著一個百年來的傳統信念，那就是：我們一定要打造出令富裕層顧客可以深受感動與動人價值感的頂級產品出來，而讓顧客戴上寶格麗，就有著無比的頂級尊榮的心理感受。」

寶格麗公司為了確保他們高品質的寶石安定來源，因此在過去二、三年來，均與世界最大的鑽石及寶石加工廠設立合資公司。另外，亦收購鑽錶精密加工技術公司、金屬製作公司及皮革公司等，寶格麗透過併購、入股、合資等策略性手段，而更加穩固了他們產品的高級原料來源及精密製造的技術來源，為寶格麗未來快速成長奠下厚實的根基。

擴大全球直營店通路行銷網

寶格麗在1991年時，在全球只有13家直營專賣店，那時候幾乎全部集中在義大利、法國、英國等地而已，那時候的寶格麗充其量只是一家歐洲的珠寶鑽石飾品公司而已。但是在崔帕尼執行長改變政策而積極步向全球市場後，到目前寶格麗在全球已有217家直營專賣店，通路據點數成長17倍之鉅。

寶格麗目前各國的營收結構佔比，依序是日本最大，佔27.6%，其次為歐洲地區，佔24.4%，義大利本國市場佔12.4%，美國佔15.6%，亞洲佔6.1%，中東富有石油國家佔14%。寶格麗公司全球營收及獲利連續五年均呈現10%以上的成長率，可以說是來自於全球市場的攻城掠地之所致，尤其是日本市場更是寶格麗的海外最大市場。

展望未來的海外通路戰略，崔帕尼執行長表示：「寶格麗未來仍會持續高速成長，而最大的商機市場將是在中國。我們目前已在上海設有旗艦店，北京也有2個專賣店，未來五年，我們會在中國至少20個大城市持續開出專賣店。中國13億人口，只要有百分之一富裕者，即有1,000萬人的潛力市場規模，距離這個日子並不遠了。」由於中國市場的擴展計畫，寶格麗預計三年內全球直營店數將突破

300家。

投資度假大飯店的營運策略

寶格麗公司已在印尼峇里島度假聖地設立六星級的寶格麗度假大飯店，每一夜住宿費用高達3.3萬新台幣，是峇里島最昂貴的房價。寶格麗的休閒度假大飯店主要是為招待全球寶格麗的VIP頂級會員顧客而設立的，此種招待手法也提升了VIP會員的尊榮感及忠誠度。明年底，寶格麗也即將在最大獲利市場的日本東京銀座，建造11層樓的寶格麗旗艦店，裡面將有VIP俱樂部、專屬房間、好吃的義大利菜享用、以及各種提箱秀、展出秀等活動舉辦，大大增加與頂級富裕顧客會員的接觸及服務。

頂級尊榮評價的NO.1

崔帕尼執行長最近在答覆媒體專訪時，被問到對寶格麗公司目前營收額僅及全球第一大精品集團LVMH的十五分之一有何看法時，他答覆說：「追求營收額全球第一，對寶格麗而言並無必要。我所在意及追求的目標是，寶格麗是否在富裕顧客群中，真正做到了他們對寶格麗頂級品質與尊榮感受NO.1的高評價。因此，大力提高寶格麗品牌的prestige（頂級尊榮感）是我們唯一的追求、信念及定位。我們永不改變。」

寶格麗為了追求這樣的頂級尊榮感，因此堅持著：高品質的產品、高流行感的設計、高級裝潢的專賣店、高級的服務人員、高級的VIP會員場所、以及高級地段的旗艦店等行銷措施。

璀璨美好的極品人生

寶格麗近五年來在崔帕尼執行長以高度成長企圖心的領導之下，以全方位的經營策略出擊，包括：產品組合的多樣化、行銷流通網據點的擴張佈建、海外市場佔比提升、品牌全球化知名度大躍進、與VIP會員顧客關係經營的加強、以及媒體廣告宣傳與公關活動的大量投資等，都有計畫與有目標的推展出來。

寶格麗（BVLGARI）這家來自義大利百年的珠寶鑽石名牌精品公司，堅持著高品質、高價值感、高服務、高格調、高價格及頂級尊榮感的根本精神及理念，為寶格麗的富裕層顧客穩步帶向璀璨亮麗的美好極品人生。

問題研討

1. 請討論寶格麗崔帕尼如何展開產品多樣化策略？為何要如此做？

2. 請討論寶格麗打造高價與動人產品內涵的意義為何？

3. 請討論寶格麗擴大全球直營店通路行銷網的狀況如何？為何要如此做？

4. 請討論寶格麗投資度假大飯店的策略意義何在？

5. 請討論寶格麗崔帕尼執行長如何回答他們與LVMH集團的比較？

6. 請討論寶格麗在崔帕尼領導下的全方位經營策略為何？

7. 總結來說，從此個案中，您學到了什麼？您有何心得、啟發及評論？

〈個案15-8〉

美利達自行車與美國通路品牌廠商合夥策略，使獲利十倍增

一、股東大會滿意公司經營團隊的高績效表現

「宣布散會，謝謝！」位在彰化大村的美利達工業總廠，六月二十七日由總經理曾崧柱主持的股東常會，從宣布開會到散會，前後不過二十五分鐘，股東們顯然很滿意經營團隊過去一年的表現，因為這家公司正攀上建廠三十六年來，前所未至的營運顛峰。

美利達去年營收總額達一百億六十萬元，較前一年大幅成長44%；獲利額為13.5億元，每股稅後盈餘（EPS）6.18元，緊追競爭對手巨大工業的6.47元，年增率更高達八成。代表產品高價化程度的成車出口平均單價（ASP）創下四百四十三美元（約合新台幣一萬三千元）新高，是台灣自行車產業出口平均單價的兩倍，也遠勝巨大的三百二十三美元（約合新台幣一萬元）。

二、被美國OEM大客戶倒帳，深刻感受純代工廠的悲哀與危機

八年前，美利達的代工大客戶美商Schwinn/GT發生財務危機宣告倒閉，被倒帳一千三百萬美元，不只造成新台幣五億元的巨額虧損，更從此流失三成代工訂單，面臨建廠以來最大危機。

「做了二、三十年代工，每年都要面對慘烈的殺價搶單，但下場竟是無緣無故被老客戶倒帳，」曾崧柱形容，「那種感覺，就像叫你把身上的現金全部交出來，然後走回家去一樣。」突如其來的危機，讓曾鼎煌父子深深體會到，半甲子代工生意，到頭來竟是夢一場的悲哀。求學期間寒暑假就往工廠跑的曾崧柱覺悟到，唯有從代工紅海上岸，掌握通路和品牌，美利達的未來才能看得到希望。

三、籌資10億元，入股美國SBC知名品牌通路商，雙方合夥合資經營，意圖力挽狂瀾

當時美利達品牌（Merida）的自行車產品還不成氣候，打品牌戰也非

經營團隊的核心能耐，但為填補產能空缺，購併國外自行車品牌成為唯一選擇。於是，曾崧柱和核心幕僚行銷副總鄭文祥，一方面檢視倒閉遭拍賣的Schwinn/GT投資價值，也同時評估和最大代工客戶、美國高級自行車品牌Specialized進行深度結盟，試圖透過讓客戶變合夥人的策略，牢牢綁住訂單來源。

就在被倒帳後出現虧損赤字、股價跌落到面額以下，差點被打入全額交割股的關鍵時刻，曾崧柱鐵了心要擺脫代工枷鎖，於是不惜冒著流失其他客戶的風險，大膽決定以新台幣十億元代價，籌資購入Specialized Bicycle Components, Inc.（簡稱SBC）公司49%持股，成為在自行車業形象如BMW般的SBC創辦人之外，也是最大單一股東。而代工廠與品牌商相互持股的合夥模式，在全球自行車產業也是首例，「再不成功，美利達就真要下來了。」鄭文祥形容當時這個決定對美利達的關鍵影響。

四、在歐洲，亦與品牌通路商合組銷售公司，展開策略聯盟多元化合作

在此同時，美利達也在歐洲發動策略，與歐洲代工品牌Centurion合組銷售公司MCG，美利達持股51%。原本專注中高階登山車利基市場的Centurion產品設計團隊，則成為美利達歐洲獨資公司MEU的新生力軍，負責規畫美利達品牌歐洲市場的產品開發。位在德國西南部、賓士汽車總廠工業重鎮斯圖加特（Stuttgart）的MCG、MFU這兩家公司，近八十人的設計、行銷團隊，包括一支每年花費上億元預算，與德國福斯商旅車部門共同贊助的Multivan Merida國際車隊，其中沒有人是台灣美利達派駐過去，卻都是美利達品牌在歐洲市場練兵的秘密部隊。

五、投資入股美國SBC公司，使獲利大幅增加，創造綜效與雙贏

謹守入股不介入經營原則，美利達透過上下游垂直整合，不但藉以綁住SBC生產訂單，讓其從七年前占美利達三成出貨金額，拉高到去年的六成五。更重要的是，SBC也因為擁有美利達這個穩定的供貨來源，大幅提早產品上市時程。

分析美利達獲利來源，去年SBC的投資收益就高達六億四千萬元，占整體獲利的三分之一；獲利由六年前的一億一千八百萬元，到去年的十三億三百萬元，成長十倍；每股稅後盈餘也從0.46元，飆升至去年的6.18元，足足成長十二倍。生產製造、投資品牌兩頭賺，就連對手巨大總經理羅祥安，都不得不承認美利達下了一著好棋。

鄭文祥表示，與SBC結盟的創新

策略,既非代工生產OEM,也非自創品牌的OBM,且無法歸類為代工設計ODM,可說是獨特的「美利達模式」,讓雙方透過緊密合作發揮成本綜效,創造雙贏:SBC省去找客戶、送樣、比價時間,美利達也不必再為代工微利爭得頭破血流,當別人正殺紅眼砍價格,美利達早已著手開發新產品。

也因此,以往美國市場六月新車才能上市,SBC今年四月,年度新車就鋪到全美通路,商品搶先上市,毛利率跟著就提升。「論營收規模,和巨大比,美利達是老二,但我拚的是速度。」曾崧柱信心滿意的表示。

六、入股美國品牌廠商策略正確與代工核心能力,成功則是必然

美利達協力廠商佳承精工總經理黃昭維表示,美利達的經營風格表面上會甘於做老二,默不出聲的向老大哥學習,但不輕言服輸。特別是和擅長設計、行銷的SBC結盟,找到能力互補的合作夥伴,對的策略加上三十年代工累積的深厚功力,讓美利達能成為這波自行車景氣起飛的大贏家,成功可說絕非偶然。

機會總是留給準備好的人,好景氣也只留給提早發動策略布局的公司,目前美利達98%產能,都來用供給SBC、Merida和Centurion三大品牌,拒絕再扮演代工角色後,去年美利達單月營收甚至一度超越巨大,讓老大哥首次嘗到被老二超越的滋味。

回首美利達終結代工宿命的轉型來時路,「是有那麼一點從老演員變導演的意味在。」曾崧柱替自己下了這樣的註腳。

(資料來源:商業週刊,2008年6月30日,頁52-53)

問題研討

1. 請討論美利達公司的經營績效如何?為何會有此優良績效?

2. 請討論美利達過去曾被美國OEM大客戶倒帳的危機及情況為何?為何OEM廠有這種宿命?

3. 請討論美利達在美國市場所採取的策略為何?為何要如此做?

4. 請討論美利達公司在歐洲又採取那個策略?why?

5. 請討論美利達與美國SBC入股投資後,有那些正面效益產出?

6. 總結來說,從此個案中,您學到了什麼?您有何心得、觀點與評論?

〈個案15-9〉

H&M：全球第三大服飾公司成功的經營秘訣

成立於1947年，在全球30個國家設立有1,600家直營店，從生產到店面銷售均有涉入，普遍在歐洲、北美洲及亞洲都可看到它的服飾店面，這就是具有全球品牌知名度的「H&M」瑞典大型服飾公司，它的總部位在於瑞典首都的斯德哥爾摩。

優良的經營績效

瑞典H&M服飾公司擁有極為優良的經營績效，它的公司價值（corporate value）亦屬世界第一。

H&M公司的2008年營收額達到1兆3,500億日圓，居世界第三位。僅次於美國Gap服飾公司的1.7兆日圓及西班牙Zara服飾公司的1.5兆日圓。而在獲利方面，H&M公司也有3,000億日圓，領先Gap公司的1,457億日圓及Zara公司的2,618億日圓。而在公司總市值方面，H&M公司亦高達3兆9,000億日圓，領先Zara的3.1兆日圓及1.5兆日圓。H&M服飾公司的毛利率達到60%，獲利率為23.5%，遙遙領先Zara及Gap二家公司，此顯示出H&M公司獲利績效之佳。

高回轉率

H&M公司從服飾設計到製造生產到店舖上架銷售，大概都被控制在三週（即廿一天）內完成，速度相當快速。H&M公司每年大約生產50萬個品項商品，在斯德哥爾摩總公司即有100位設計師，他們每天都在思考如何創新商品。H&M商品的特色之一，即是便宜，然後再加上流行尖端與品項齊全，使該公司的商品Cycle（循環）加速，這都是價格＋流行雙因素所產生的效果。

H&M公司除了自己擁有工廠之外，也向外委託代工生產，這些OEM協力工廠大概有700家之多，每年生產50萬個品項，平均每天即有1,300項的新商品產生出來。這700家協力工廠，有三分之二在亞洲，而又有一半位在中國。H&M公司在全球設有廿個製造監督辦公室，負責控管各OEM工廠的生產狀況，產品品質及大量生產。

由於H&M公司採取多品種及大量生產的體制，使高回轉銷售成真，且能常保服飾產品的鮮度。

可以看到商店每天都有變化

H&M公司的店面，每天、每小時均有新商品抵達、新商品上架陳列、以及銷售。這都源自於H&M公司的設計師們，能夠快速的因應環境變化，掌握時效，選擇必要性設計趨勢，然後快速設計出款式，並進行製造、物流及到貨上架。H&M直營店面每天都有新貨到，因此，會讓消費者感到店內經常變化，而不會有過時的陳舊感

商品暢銷的根源

　　H&M滯銷品及過季庫存量很少，這主要是源自於該公司有很強的商品設計開發團隊（design team）。在總公司六樓，有100人的優秀設計師團隊，為每天新服飾的產生而用心努力工作。他們每天會定期跟全球各分公司及直營店面店經理們透過電話視訊，詳細討論當地的銷售資料、流行趨勢、要求狀況及聽取相關建議。

　　這些設計師們除了設計工作之外，他們也有幕僚團隊負責對全球700家協力工廠下單，以及相關的預算管理。

　　這群由歐洲人、美國人及亞洲人等所組成的聯合國軍團，可以說是H&M公司快速成長的最起始功勞部門。

區域物流中心迅速提供新商品補給

　　如何使全球700家協力工廠的50萬個服飾品項，能夠順暢的抵達全球1,600家直營店面上架銷售，是一門大工程。這必須仰賴精密的工廠資訊系統指揮，以及各地區物流系統與廠商的支援才行。H&M公司在歐洲、北美洲及亞洲，設有10個據點的大型物流中心，這些巨大物流中心的坪數，每個都高達3.6萬坪之大。例如，在德國漢布魯克的大型物流中心，就負責供應給德國、波蘭及義大利的460個店使

用。

POS系統的單品管理

　　H&M的店面都有POS系統的單品管理，從商品名稱、色彩及尺寸等均能詳細掌握每日的最新銷售情況。而這些POS data（資料）情報也成為總公司的設計師群及高階決策者，了解市場對商品接受度及銷售狀況的第一手情報來源。

設計、製造、物流、銷售的支撐四重點

　　H&M服飾公司的經營成功，綜合來說可歸納為下列四要點，包括：

1. 設計：掌握各國流行與時尚趨勢，能夠滿足消費者的設計感；
2. 製造：利用中國及亞洲地區廉價的成衣代工廠，在專人監管下，能夠以低成本做出好品質的服飾實品；
3. 物流：利用全球海空運及各國快遞物流系統，再加上10個巨型的物流中心轉運點，快速將商品送抵各國門市店面；
4. 銷售：H&M擁有各國設立的直營子公司或代理公司，能夠以優良品牌形象，做好當地的在地行銷工作，使商品能夠銷售出去。

　　總結來說，H&M服飾公司源於北歐瑞典，但卻能運用全球性資源，而使營運面向擴及全球，成為跨全球卅個國家行銷的第三大服飾品牌跨國大企業。

問題研討

1. 請討論H&M公司的優良經營績效為何？

2. 請討論H&M公司的商品為何能夠有高回轉率？

3. 請討論為何每天在H&M店面都可以看到變化？

4. 請討論H&M商品暢銷的根源為何？

5. 請討論H&M公司的物流體系為何？

6. 請討論H&M公司的POS單品管理系統為何？

7. 請分析H&M成功的支撐四要點為何？

8. 總結來說，從此個案中，您學到了什麼？您有何心得、評論及觀點？

〈個案15-10〉

上海便利超商大戰

2009年4月30日，全球第一大便利超商7-Eleven正式在中國上海市開幕營運。其中一家還位上海繁榮的徐家匯街道上，隔鄰即是日系超商的family Mart（全家）及lawson二家公司的店，顯示競爭非常激烈。上海市是中國消費力第一強的大都市，卻已有4,000家的便利超商店，包括上海本地的好德（950店）、快客（880店）、可的（700店）、以及日系family Mart（169店）、lawson（294店）再加上新開幕的7-Eleven（4店），以及其它大大小小店約1,000家，合計在上海市內即有高達4,000店之多。由於7-Eleven的投入戰局，使上海地區掀起一股便利超商大戰的激烈戰局。

統一超商取得上海經營權

其實，早在1990年代，7-Eleven即在廣東深圳市、廣州市、香港及澳門等東南地區開展了1,440家店。另外，在2004年時，也正式進軍北京市，目前也開出75家門市店。但是，面對擁有1,900萬人口高密度及平均國民所得超過一萬美元的上海市，無疑是一個具有魅力的巨大市場。早在2004年時，日系的family Mart及lawson均已進入上海大市場，7-Eleven遲至2009年才開店，算是慢的。上海7-Eleven的經營權是授權予台灣統一企業集團的統一7-Eleven經營。

台灣統一企業集團的統一7-Eleven已經有近5,000家店，自多年前即向7-Eleven總部爭取中國大陸上海地區的授權。來自台灣的統一7-Elevne即信心滿滿的表示，將會打

贏這一場最激烈的上海便利超商大戰役。

攻下上海，就能攻下全中國

7-Eleven中國總部董事長大塚和夫即表示：「7-Eleven如能獲得上海廣大消費者的支持，順利踏上這個試金石，那麼在中國其它地區城市，都會順暢的拓展。而我們對台灣統一7-Eleven的豐富經驗與經營管理能力，擁有相當高的信心，他們一定可後來居上。」此外，人塚董事長也認為經由上海市的布局及推展成功，未來7-Eleven還將加速朝中國華東、華中及華南各地區大城市加速拓展。

並且在商品開發、聯合採購、物流配送及行銷活動方面，都可以相互支援及提攜合作，以發展規模經濟效益，最終成為中國便利超商市場的最大領導品牌。

7-Eleven績效二倍於同業

早在2004年，即已開業的北京7-Eleven，目前平均每天來客數為1,200人次，較其它一般店的平均1,000人還多出二成。而在平均每日每店營收額方面，則約為1.7萬人民幣，這個水準也是目前其它日系便利商店在北京及上海店的二倍，顯見北京7-Eleven具有壓倒性的好成果。他們也預計最近在上海的7-Eleven應該也可達二倍的平均每日業績。

北京7-Eleven最大的成功點，

即在於他們有獨自開發的鮮食類產品。北京7-Eleven的鮮食產品佔全部營收額的50%一半比例之高。由於北京7-Eleven鮮食產品的口味迎合當地需求，品質嚴謹，受到消費者的信任感及安心感，因此業績大好。這一套Know-how自然也將複製到上海7-Eleven，此也將成為上海7-Eleven差異化特色所在。

在上海便利超商大戰中，日系企業的family Mart算是比較有競爭力的。這家由日本伊藤忠及台灣企業所組成便利超商，目前已在上海及蘇州等地拓展出181家店，去年一年成長53個店。該公司成長力高的原因，主要還是在鮮食便當及麵包類產品受到歡迎所致。此外，他們也與當地廠商結合，由日本總部提供新產品企劃、製造技術、品管流程及其他經營開發know-how，因此市場進展算是順利的。

中國便利超商的通路之王

7-Eleven中國區總部董事長大塚和夫表示，北京與上海二地的消費者偏好，生活型態、及都市結構都不太一樣。另外在租金水準也不同，上海是北京的1.5-2倍之多。因此，他認為上海是全中國的指標性市場，未來十年誰能在上海取得領導地位，誰就是廣大中國便利超商的通路之王。

來自台灣統一7-Eleven，結合日

本7-Eleven在北京的中國經驗，兩者資源的大結合，已瞄準中國第一大市場上海市，大陸本土超商業者迎戰日本及台灣業者的聯手強攻，一場上海便利超大戰已激烈爆發。

問題研討

1. 請討論上海市場地位的重要性如何？

2. 請討論上海便利商店產業競爭的狀況如何？

3. 請討論7-Eleven在中國市場的績效狀況如何？

4. 總結來說，從此個案中，您學到了什麼？您有何心得、評論及觀點？

〈個案15-11〉

世界人才爭奪戰

案例1：美國P&G公司

世界最大日用品公司，美國P&G行銷全球180個國家，並且被美國財星雜誌評為世界培育人才最佳企業的第二名，僅次於美國GE（奇異）公司。

一、多國籍化與多樣化的用人政策

美國P&G公司自從1980年代以來，即積極採取多國籍化與多樣化的用人政策。目前在執行董事職位中，計有45人是非美國人，佔有40%。另外，在3名副董事長中，只有1名美國人，其餘2人則出自德國及非洲的坦桑尼亞。另外，在P&G公司經營幹部中，出身非美國人的狀況也非常多。在全球13.8萬名員工中，也有2/3是非美國人，員工的出身國有140個以上國家。美國俄亥俄州辛辛堤那市德公司所在地的外國籍員工，亦達1000人之多。人才國籍的多樣化，可說是P&G公司多年來的DNA。

P&G總公司營運長羅伯特即表示：「P&G員工多國籍化的推進，是以獲得優秀人才為目的；並且為培育下一世代的儲備領導幹部做準備。而這些優秀人才，並不限定非美國人不可；如此才能長保P&G的創新力量。另外，P&G的用人政策，是不同國籍也不同性別的，員工來源與拔擢是多樣化的。」

二、人事評價制度是世界統一的

P&G對全球員工管理的另一次特色，即是它的人事評價制度。它請求的是世界統一的標準。長久以來，P&G對幹部及儲備幹部的評價與拔擢指標，主要聚焦在二大項指標：

第一個指標是：Success drive。是指「成功的動力」或「成功的行動特質」如何。P&G看待所謂成功的行動特質，主要看員工是否具有以下這3項能力：

(1)個人的專業能力與創造能力程度如何。

(2)是否能夠領導一個team（團隊組織），而為公司貢獻的能力與程度如何。

(3)是對外部激烈變動的環境，是否有快速的應對能力。此項能力在近年來愈來愈重要，此即對外部環境的應對力。

第二個指標是：「個人業績的記錄表」。此即指員工個人或領導組織單位所創造出來的有形數據成果如何。包括業務單位、研發單位、生產製造單位、財會單位、品牌行銷單位……等，均有數據績效可加以評價員工與組織單位的績效狀況。

三、P&G員工活性化的兩輪

綜上所述，P&G員工能夠保持活性化，主要立基於(1)多國籍員工的多樣化，以及(2)世界共通的公平評價制度這二件基本重要政策。而在人事評價制度方面，P&G公司也有明確的基準，而且透明度也非常高。由於員工長期性保持著活性化，因此，可以不斷加速P&G公司全球化事業的成功開展。

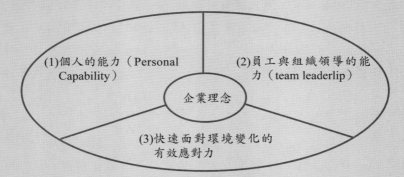

圖：P&G公司使用同一指標，從世界各國選拔優良幹部

案例2：日本旭硝子公司

日本旭硝子是全球知名的汽車玻璃產品製造公司，該公司在全球多個國家也有不少產銷據點。旭硝子採取「世界共通教育」方式，對各國有潛力的領導人才，加以發崛及培訓。

下圖是旭硝子集團對經營人才育成的Program安排架構。

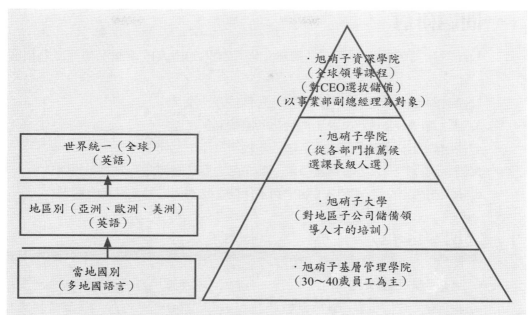

以全球推薦課長級人選的培訓課程為例，在2007年度，從日本挑選12人，亞洲推選2人，歐洲挑選7人，北美洲挑選5人；共計26人組成參加世界統一化的一週英語課程培訓。除了各項領導課程外，主要以對旭硝子公司經營課題的解決對策為主軸，最後一堂課則必須向總公司的總經理及董事長做簡報。而這26個人則是採取跨國分組方式，組成5個小組，每個小組中有日本人、亞洲人、歐洲人及美國人，主要目的培養他們的「全球合作團隊觀」。

旭硝子的全球人事主管即表示：「旭硝子對全球各國員工的教育program，是從世界共通的標準及觀點為出發點，去發崛及判定各國員工的能力；並且力求以公平、公正、公開的方式加以拔擢。」

結語：打破人才全球化的障礙

上述這二家卓越成就的全球化公司，他們的用人的政策與培訓、拔擢人才的全球共通標準制度，在在均顯示出他們均勇於打破人才全球化的障礙；並且使公司成為全球化優秀人才與智慧的集合地。正如P&G公司董事長拉夫雷所講的：「人類智慧，是公司成長的最大原動力。企業永續成長之道，即在是否有全球性多元化優秀人才。人才，決定了一切。而P&G長期以來不斷在做的第一件大事，即是世界人才爭奪戰。」

問題研討

1. 請討論美國P&G公司在多國籍化與多樣化的用人政策狀況如何？為何會有此政策？
2. 請討論P&G公司的人事評價制度是聚焦在什麼？
3. 請討論P&G公司認為員工活性化的兩輪為何？
4. 請討論日本旭硝子公司的全國人才政策及作法為何？
5. 請討論「打破人才全球化障礙」此句話之意涵為何？為何要如此做？
6. 總結來說，從此個案中，您學到了什麼？您有何心得、評論及觀點？

〈個案15-12〉

ZARA贏在速度經營

　　來自西班牙的ZARA服飾品牌，在歐洲竄起後，正積極在全世界建立女性服飾店連鎖經營的事業版圖。

　　ZARA成立於1985年，至今只不過短短二十年營運歷史。目前，卻已在歐洲27個國家及世界55個國家，開了2,200家ZARA女性服飾連鎖店。2004年度全球營收額達46億歐元（約新臺幣1,600億元），獲利額為4.4億歐元，獲利率達9.7%，比美國第一大的服飾連鎖品牌GAP（蓋普）公司的6.4%還要出色。

　　ZARA公司目前已成為歐洲知名的女性服飾連鎖經營公司。

設計中心是公司心臟部門

　　位在ZARA總公司2樓的設計中心（Design Center），擁有700坪開放空間，集合了來自20個國家120名不同種族的服裝設計師，平均年齡只有25歲。這群具有年輕人獨待創意與熱情的服裝設計師，經常出差到紐約、倫敦、巴黎、米蘭、東京……等走在時代尖端的大都會，去第一線了解女性服飾及配件的最新流行與消費趨勢與走向。此外，她們也經常在公司總部透過全球電話會議，與世界55個國家的總店長舉行全球即時連線的電話會議，每天或每週隨時的了解及掌握她們所設計商品的銷售狀況、顧客反應及當地的流行與需求發展趨勢等第一現場資訊情報。

　　ZASA公司總經理曾表示：「每天掌握對全球各地區的女性服飾的流行感、深處其中的熱情以及了解女性對美麗服裝的憧憬，而創造出ZARA獨特的商品特色。並以平實的價格，讓多數女性均能享受購買的樂趣，這是ZARA近幾年來，快速崛起的根本原因。」

快速經營取勝

　　ＺＡＲＡ新服裝商品從設計、試作、生產到店面銷售的整套速度，平均只花三週，最快則在一週就會完成。ＺＡＲＡ公司2樓的大型設計中心，產品經理（Product Manager）及設計師100多人，均在此無隔間的大辦公室內工作、聯絡及開會。舉凡服飾材料、縫製、試作品及完成品，所有設計師亦都在此立即溝通完成。

　　ＺＡＲＡ公司目前在西班牙有9座自己的生產工廠，因此可以機動的掌握生產速度。一般來說，在設計師完成服飾造型設計之後，她們透過網路，將設計資料規格，傳到工廠，經過紙型修正作業及試產之後，即可展開正式的生產作業。而世界各地商店的訂量需求，亦會審慎及合理的傳到ＺＡＲＡ工廠去，將各地未能銷售完的庫存量，降到最低。目前大約是15～20%。這比其他服飾連鎖公司的40%已經低很多了。

　　在物流配送方面，ＺＡＲＡ在歐盟的法國、德國、義大利、西班牙……等國，主要是以卡車運送為主，約占70%的市場銷售量，平均二天內（48小時）即可運達ＺＡＲＡ商店內。而剩下30%的市場銷售量，則以空運送到日本、美國、東歐等較遠的國家去，儘管空運成本比較高，但ＺＡＲＡ堅持不走低成本的海運物流，主要就是為

了爭取上市的流行期間。ＺＡＲＡ總經理表示，他們是世界服裝業物流成本最高的公司，但他認為這是值得的。

品缺不是過失

　　ＺＡＲＡ公司的經營哲學，就是每週在各店一定要有新服裝商品上市，其商品上、下架的「替換率」非常快。而且，ＺＡＲＡ每件商品，經常在各店只放置5件，是屬於多品種少量的經營模式。在西班牙巴塞隆納的ＺＡＲＡ商店內，經常被顧客問到：「上週擺的那件外套，沒有了嗎？」。ＺＡＲＡ公司的經營哲學是：「每週要經常有新商品上市，才會吸引忠誠顧客的再次購買。」雖然某些暢銷好賣的服飾品會做一些追加生產，但這並不符合ＺＡＲＡ公司的經營常態。

　　因此，即便是好賣而缺貨，ＺＡＲＡ亦不改其經營原則而大量增加同一款式的生產及店面銷售。因此，ＺＡＲＡ總經理表示：「品缺不是過失，也不是罪惡，我們的經營原則，本來就堅守在多樣少量的大原則下。因為，我們要每週不斷開創出更多、更新、更好、更流行與更不一樣的新款式出來。」

有計畫的行事

　　ＺＡＲＡ公司每年1月份時，就開始評估、分析及規劃6個月後春天及夏天的服裝流行趨勢。而7月份時，就思考

著秋天及冬天的服裝需求。然後，在此大架構及大方向下，制訂他們每月及每週的計畫作業。通常在該季節來臨的前2個月即已開始，但生產量僅占20%，等正式邁入當季，生產量才占80%。此外，亦會隨著流行的變化，每週機動的改變款式設計，少量增產或對暢銷品進行例外追加生產。

ZARA經營成功特點

歸結來看，ZARA公司總經理提出該公司近幾年來，能夠經營成功的四個特點：

一、120多名的龐大服飾設計人員，每年平均設計出1萬件新款服裝。

二、ZARA公司本身即擁有9座成衣工廠，從新款式企劃到生產出廠，最快可以在一週（七天）內完成。

三、ZARA公司的物流管理要求達到超市的生鮮食品標準，在全世界各國的ZARA商品，務必在三天內到達各店，不論在紐約、巴黎、東京、上海、倫敦，還是臺北。

四、ZARA公司要求每隔三週，店內所有商品，一定要全部換新。不能讓同樣的服飾商品，擺放在店內三週以上。換言之，三週後，一定要換另一批新款式的服裝上架。

如果經常到巴黎、倫敦、米蘭旅遊的東方人，一定可以看到到處矗立的ZARA品牌服飾連鎖店。在日本東京的銀座、六本木……等地區，最近也開了12家。在全球擁有200多家店的ZARA已悄然飛躍升起，成為世界知名的服飾連鎖品牌公司。ZARA這種生產製造完全是靠自己的工廠，並不委託落後國家來代工生產經營模式，是與美國GAP等知名品牌不同的地方。

如今，在超成熟消費市場中，ZARA公司以強調「超速度」、「多樣少量」，以及「製販一體統合」的效率化經營，終於嶄露頭角，立足歐洲，放眼全球，而終成為全球服飾成衣製造大廠及大型連鎖店經營公司的卓越代表。

問題研討

1. 請討論ZARA公司目前的經營成果為何？

2. 請討論ZARA公司的服裝設計師如何了解消費趨勢？她們的做法為何？其結果如何？

3. 請討論ZARA公司服設計師的背景為何？為什麼？

4. 請討論ZARA公司的庫存量為何能降到最低？做法為何？

5. 講討論ZARA公司在物流配送方面有何原則？為什麼？

6. 請討論ZARA公司為何認為品缺不是罪惡？

7. 請討論ZARA為何完全是自己生產製造？

8. 請討論ZARA公司近幾年來經營成功的四個因素為何？

9. 總結來看，請從策略管理角度來評論本個案的意涵有哪些？重要結論又有哪些？以及你學習到了什麼？

〈個案15-13〉

COACH品牌再生
設計風格擄獲年輕女性

創業於1941年的美國名牌精品COACH，近五年來，營收成長有了顯著的進步，2011年可望有25億美元的營收額，而營業利益卻高達8億美元，可謂獲利豐厚。相較於2001年時營業額僅有6億美元，十年來營收額呈倍數成長的佳績，最主要的關鍵點，是由於COACH品牌再生策略的成功。而COACH品牌再生與營收成長的四項分析如下。

不再固執堅守高級路線，改走中價位路線成功

COACH面對市場的現實，改走中價位的皮包精品，以低於歐洲高級品牌的價位，積極搶攻25～35歲的年輕女性客層。以在日本東京為例，歐系品牌的皮包精品，再便宜也都要有7、8萬日圓以上，日本國內品牌的價位則在3萬日圓左右，而COACH品牌皮包則訂價在4、5萬日圓左右。此中等價位，對買不起歐系名牌皮包的廣大年輕女性消費者來說，將可以較輕易的買到美國的名牌皮包。

COACH公司董事長法蘭克‧福特即說：「讓大部分中產階級以上的顧客，都能買得起COACH，是COACH品牌再生的第一個基本原則與目標。」他也認為，美國文化是以自由與民主為風格，歐洲文化則強調階級社會與悠久歷史。因此，歐系品牌精品可以採取少數人才買得起的極高價位策略，但是美國的精品，則是希望中產階級人人都可以實現他們喜愛的夢想，COACH則是要替他們圓夢。

除了價位中等以外，COACH專賣店的店內設計，是以純白色設計為基調，顯得平易近人及清新、明亮、活潑，與歐系LV、PRADA、Fendi等名牌專賣店的貴氣設計有很大不同。

品質雖重要，但設計風格改變更重要

法蘭克董事長認為，名牌皮包雖強調品質與機能的獨特性，但這只

是競爭致勝的「必要」條件而已，並不構成是「充分」條件。因此，從1996年開始，COACH公司即感到設計（design）改革的重要性，並且不斷延攬優秀設計師加入公司，展開COACH新設計風格的改革之路。而設計風格的改變，亦會使消費者感受到COACH品牌生命再生。因此，在不失COACH過去的本質特色下，開始展開了一系列包含素材、布料、色調、圖案、金屬配件、尺寸大小等設計的新旅程，並以「C」字母品牌代表為號召。自2000年新商品上市後，消費者可以感到COACH有很大的改變。過去，有高達80%的消費者，認為CQACH的設計是古典與傳統的，20%的人，則認為COACH是代表流行與時尚的。而現在，消費者的認知，則恰恰相反，COACH已被廣大年輕女性上班族認為是流行、活潑、年輕、朝氣與快樂的表徵。

法蘭克董事長終於深深感受到，COACH不能只從皮包的優良品質與機能來滿足消費者而已。必須更進一步從心理上、感官上及情緒上，帶給消費者快樂的滿足，只有能做到這樣，COACH的生命，才會緊緊的與消費者的心結合在一起，長長久久。這就代表COACH，已經從傳統上強調品質的迷失中，抽離出來，讓品牌生命得以再生。

刺激購買對策

在日本東京的COACH分公司，雖然在面臨十年的不景氣狀況下，但COACH專賣店的營收額仍能保持二位數成長，而且還有計畫性的如期開展新店面。這主要是仰賴於COACH的刺激購買慾望的行銷策略活動。包括：

一、每個月店內都會陳列新商品。

二、推出「日本地區全球先行販賣」。

三、限量品販賣。

四、推出周邊精品，例如時鐘、手錶、飾品配件……等，也會誘發消費者順便購買。

五、廣告宣傳與媒體公關活動等，造勢都極為成功。

追蹤研究式的消費者調查

COACH公司早自1991年開始，即展開「追蹤研究」（Tracking Study），進行長期且持續的消費者調查。包括對來店顧客或已買的會員顧客，詳細詢問及了解對COACH品牌的印象、購入動機、喜愛的設計、喜愛的色彩、想要的尺寸……等，予以詳加記錄。目前，這種資料庫在美國及日本兩地合計已超過1萬人次。這對COACH每月新商品開發的依據參考貢獻不小。法蘭克董事長強調：「COACH公司每年花費數百萬美元，在蒐集顧客的意見，探索她們的需求，並對未來做較正確的預測掌握。

這種工作，必須持續精密做下去，是行銷成功的第一步。」

結語——品牌經營，應理性與感性兼具

以品牌的等級層次及營收額規模來看，COACH公司顯然還難與歐系的LV及GUCCI兩大名牌精品集團相抗衡，但是，來自美國的COACH終究也走出自己的品牌之路，並且逐年有了成長與進步。經過近五年來，COACH在縝密的思考及規劃下，毅然展開COACH品牌的再生改革，已被證實是一個很好的成功案例。而COACH公司董事長法蘭克則表示：「品牌經營者應該兼具理性與感性，這二者組合出來的東西，才會是最好的。理性，重視的是品牌經營的結果，必須要獲利賺錢才行，否則就是一個失敗的品牌。而感性，則強調品牌經營的過程，必須要讓目標顧客群感到快樂、滿足與幸福才行。」

COACH品牌顯然已成功的走出了自己的風格。

〈個案15-14〉

豐田世紀追夢
稱霸世界的四個試煉

日本第一大製造公司豐田汽車，2003年全球銷售670萬台汽車，緊追在美國通用（GM）汽車公司的810萬台之後，居世界第二大汽車廠。而其2003年的獲利總額亦已超過美國GM汽車公司。豐田汽車現任總經理張富士夫並宣示：「2010年經營目標挑戰世界占有率15%，獲利總額超過1兆日圓」的歷史性新高峰經營成就。然而，在急速擴張成為全球化企業，並迎向世界汽車市場稱霸第一的過程中，豐田並非一路平順無障礙，面臨了四大試煉與考驗。

試煉——對日本人依賴的極限

近幾年來，獲利占總公司一半的豐田北美地區工廠，當地的顧客抱怨件數不斷增加。而最近的汽車品牌品質調查排名中，除豐田Lexus勇奪第一名外，其他豐田品牌卻屈居第八名。豐田位在肯塔基州的工廠，在2004年度全美汽車工廠品質的調查中，卻低到第十四名。北美汽車的品質問題，主要出在豐田美國公司的研發、生產、銷售及服務的四環制過程的溝通不足，以及未能從美國消費者的不同需求，去深入了解及因應。但是，總的分析來看，關鍵還是出在人才不足。不只是當地的人才不足，更大的

問題是，從日本總公司派遣赴美國的日本幹部人才太少所致。使得工廠的改善活動、車型研發、周邊零組件廠輔導等，都不能像在日本一樣，順暢運作，而頻生問題。

以美國豐田肯塔基工廠為例，該工廠年產50萬台汽車的超大型汽車廠，只能從日本派出40名幹部支援，明顯嚴重不足。為此，豐田汽車去年在日本元町工廠，設立「全球生產製造推進研習中心」（Global Product Center，GPC），命含豐田海外各地工廠的幹部均須回到日本工廠實地研修受訓。該工廠，設立一條模擬的汽車生產線，從塗裝、組裝、品管到出廠等一系列當場實地操作訓練。每一批次有海外130名各國生產人員見習，目前已有2,000人次受過模擬訓練及教導。此GPC對豐田全球工廠人才育成的幫助，做了很大貢獻。使得任何新車種，在全球各地均能同時、同步展開生產，而不需由日本總公司再派出人力，到各國去支援。

品質是豐田在北美地區擁有高品牌力及創造高營運績效的生命線。

試煉二——對美政府公關有待加強

豐田為了避免日美貿易逆差所引起的不利影響，以及要降低因為汽車環保問題，所可能出現的消費者對法院訴訟與巨大賠償損失等風險，近期特別聘請曾任美國聯邦政府，主管環保部門的古柏女士，來擔任豐田美國公司公共事務部副總經理，以全方位加強豐田與美國聯邦政府及各州政府的政治、商業關係。

今年起，豐田汽車公司在美國具有影響力的各大報紙、雜誌及廣播電台刊登廣告，旨在訴求豐田美國工廠已聘用31萬人的就業雇用貢獻。最近，豐田美國主要幹部及周邊衛星工廠負責人等60多人，群集在美國華府，與參、眾兩院重要相關議員進行交流活動與餐敘。另外，各地豐田工廠也紛紛展開地區性的文化及慈善義舉活動，以建立豐田汽車工廠在美國人心中的企業社會形象。

試煉三——海外本土化人才的育成

長期以來，豐田公司的全球化經營理念，一直是以日本式與自我主義的模式，來拓展海外在地化事業。然而，面臨全球各地產銷市場的急速擴張及成長，使豐田總公司能派出的日本幹部數量明顯不足，直接影響各地的經營成效。此亦迫使豐田公司不得不採取在地人才活用與在地化事業經營的轉變。而其成功關鍵在於人才，但培養世界級人才非一朝一夕可成，而是必須經過一段摸索過程。1997年起，豐田公司即在組織中，成立「全球人事部」，其目的即著眼於人才的培育與管理這個世界一統化的目標。目前，豐田在世界各地的公司董事會

成員中，當地人員僅占7%而已，此比例遠低於美國跨國性公司，顯見從自我主義脫卸，到現場人才活用進展的大政奉還，仍有一段路要走。豐田在面對真正全球化企業的試煉，即是面臨著：世界各國多元化與在地化，以及日本豐田文化為主的一致性與向心力，此二者間之衝突痛苦。

試煉四：面對日本國內市場的飽和

從1994年到2003年的十年之中，豐田汽車全球銷售量成長率達34%，但在日本國內卻依舊維持43%的市占率，2004年日本國內賣了170萬台汽車。但是，日本人口成長停滯，以及汽車市場的飽和問題，一直是日本汽車業者共同的困擾。相反的，日本國內對高級車的需求年年上升，但日本車卻進步不大，不能滿足市場需求，致使國外名牌轎車銷售成長很大。為此，豐田公司還從美國逆輸入Lexus品牌高級車，來因應日本的市場需求。另外一個挑戰是，面對20歲到30歲所謂Y世代消費者的新車型開拓，也是一個突破方向。雖然目前此世代的購車量比例，僅占5%，但預估到2020年時，將占有20%。因此，Y世代的低價車需求市場亦被看好。日本汽車市場預估，十年後，將是被高級車、年輕購車族群，以及品牌價值經營等三大趨勢所趨動。

亞洲市場是成長活力來源

被儲備為下一位豐田公司總經理的豐田章男執行董事即表示，豐田近67%的營收來源，均係仰賴海外市場，而這個比例會愈來愈高，到2010年時，有可能會突破80%。足見，海外市場是豐田公司迎向世界第一、稱霸全球的最大成長活力來源。而這其中，又以亞洲市場的潛力最大。因此，凡事必須以「亞洲與豐田」的視野觀點，來看待豐田未來十年的經營決策。

豐田在泰國及印尼各建立1萬人及4,000人的工廠，並且積極布局中國汽車合資事業，都是在此觀點下的具體作為。

推出IMV全球計畫

豐田為了有效率的推動全球產銷布局，以及從一國一品質的狀況，轉向全球共通的汽車品質，正式推出IMV計畫（Innovative Internation Multi Purpose Vehicle；創新國際多重目的用車），其計畫重點包括：

一、亞洲地區由豐田泰國廠及印尼廠負責生產及銷往東南亞、中東及紐澳市場。

二、非洲地區由南非工廠負責生產及銷售全非洲和部分歐洲地區。

三、美國及中國均由當地豐田生產及供應。

四、巴西豐田廠供應中南美地區各國市場。

五、日本總公司供應這些海外生產據點重要的關鍵零組件。

六、一般性汽車組裝用零組件不必從日本輸出，力求當地採購，以降低製造成本。

這一項IMV計畫，將可以從豐田10個國家的生產基地，而銷往全球140個國家市場。

2010年，豐田在全球各地區的汽車銷售台數如下：北美（307萬台）、日本（171萬台）、亞洲（162萬台）、歐洲（183萬台）、中東（33萬台）、非洲（16萬台）、紐澳（21萬台）及中南美（12萬台）等，合計970萬台。

不能停止成長的經營策略

豐田總經理張富士夫認為：「一家公司停止成長，即代表退步，公司絕對不能停止成長，一停止成長，組織就會官僚化並陷入痴肥症，終而喪失競爭力。」豐田近十年有飛躍成長的卓越成就，包括營收額成長1.6倍，營業淨利成長4.9倍，銷售台數成長1.34倍，總資產成長2.12倍，總市值成長2.1倍。其各項指標，均較美國的GM汽車及戴姆勒克萊斯勒的表現，更為卓越。2010年豐田已經超越美國GM汽車，坐上了世界第一汽車大廠的世紀追夢。

世界願景已達成——2010年，全球市占率15%

豐田在2002年4月時，曾宣示豐田的世界願景（Global Vision）計畫中，在2010年時，全球汽車市占率將達到15%，並躍升為世界第一汽車大廠。2010年，豐田全球集團營收總額已高達20兆日圓，而獲利總額亦將突破1.5兆日圓。在全球計有28個國家的54個汽車生產基地，全球員工總人數達30萬人。而豐田公司目前握有現金餘額高達3兆2,600億日圓，堪稱財務最穩健的優良公司。

問題研討

1. 豐田世紀追夢，迎向世界稱霸的四個試煉為何？

2. 豐田設立「全球生產製造推進研習中心」（GPC）的意義及內容何在？

3. 豐田為何必須加強對美國政界的公關活動？其原因何在？做法又有哪些？

4. 豐田公司對海外本土化人才的養成方面，面臨著哪些困境？

5. 豐田公司預估十年後，汽車市場會被哪三大趨勢影響？

6. 豐田公司未來成長活力來源的市場在哪裡？為什麼？

7. 何謂豐田的「IMV」計畫內容？

8. 豐田公司張富士夫總經理為何採取不能停止成長的經營策略？

9. 豐田公司在2010年的世界願景目標為何？

10. 總結來看，請從策略管理角度來評論本個案的意涵有哪些？重要結論又有哪些？以及你學習到了什麼？

參考書目

（一）中文

1. 盧昭燕（2009），《這些外商全球營運台灣稱王》，天下雜誌，2009年6月3日，頁98-104。
2. 林靜宜（2008），《捷安特傳奇：全球品牌經營學》，天下文化出版公司，2008年11月。
3. 陳家齊（2009），《輝瑞併購惠氏藥廠》，經濟日報，2009年1月27日。
4. 龔俊榮（2009），《亞泥大陸大豐收，傲視業界》，工商時報，2009年1月21日。
5. 王茂臻（2009），《超德追日大陸成第3大經濟體》，經濟日報，2009年1月15日。
6. 宋健生（2009），《正新將躋身全球輪胎前10大》，經濟日報，2009年2月14日。
7. 宋健生（2009），《喬山躍登全球健身三哥》，經濟日報，2009年2月19日。
8. 林上祚（2009），《特力何湯雄：登陸經營，要在地化》，工商時報，2009年5月10日。
9. 顏嘉南（2009），《雀巢去年大賺今年仍看好》，工商時報，2009年2月20日。
10. 莊富安（2009），《美利達超有競爭力》，工商時報，2009年2月28日。
11. 蕭麗君（2009），《默克併先靈藥廠，斥資411億美元》，工商時報，2009年3月10日。
12. 吳瑞達（2009），《成長4成，中國旺旺去年超級旺》，工商時報，2009年3月6日。
13. 李書良（2009），《台啤登陸先攻廣東福建》，工商時報，2009年3月24日。
14. 顏嘉南（2009），《諾基亞全球裁員1700人》，工商時報，2009年3月18日。
15. 莊雅婷（2009），《468億美元羅氏吃下基因科技》，經濟日報，2009年3月13日。
16. 曾麗芳（2009），《巨大去年高獲利，大方給股利》，工商時報，2009年3月24日。
17. 李至和（2009），《中國大潤發搶當量販一哥》，經濟日報，2009年3月31日。
18. 邱馨儀（2009），《康師傅頂新今年營收上衝2500億元》，經濟日報，2009年4月2日。
19. 鄒秀明（2009），《宏碁世界第一，遲早的事》，工商時報，2009年4月9日。
20. 彭淮棟（2009），《東協十中自由貿易區底定》，經濟日報，2009年4月11日。
21. 林茂仁（2009），《統一超到上海5年要開300店》，經濟日報，2009年4月30日。
22. 馮復華（2009），《超越日本，中國GDP年底世界第二》，工商時報，2009年5月18日。
23. 何信彰（2009），《SONY縮減供應商，年省53億美元》，工商時報，2009年5月22日。
24. 揚文琪（2009），《長榮集團要到京滬蓋飯店》，經濟日報，2009年6月1日。
25. 謝柏宏（2009），《幸福水泥要做越南水泥業龍頭》，經濟日報，2009年6月3日。
26. 謝愛竹（2009），《Panasonic年虧3500億日圓》，經濟日報，2009年2月25日。
27. 胡采蘋（2008），《八大利多加持，越南將重現中國奇蹟》，天下雜誌，2008年3月，頁151-158。
28. 吳韻儀（2008），《鎖定50個成長新市場揭開IBM全球獵金地圖》，天下雜誌，2008年6月，頁130-135。
29. 王一芝（2008），《VISTA5國，全球的成長新引擎》，遠見雜誌，2009年3月1日，頁157-167。

國際企業管理—精華理論與實務個案

30. 楊瑪利（2008），《金色俄羅斯》，遠見雜誌，2008年5月1日，頁178-185。

31. 周錫洋（2008），《高績效展覽的行銷策略與要訣》，貿易雜誌，2008年3月，頁27-33。

32. 林蔚文（2008），《網路行銷成企業新寵》，貿易雜誌，2008年10月，頁28-31。

33. 董珮真（2009），《大三通啟動兩岸雙贏時代來臨》，貿易雜誌，2009年3月，頁8-15。

34. 林蔚文（2008），《重威國際自創品牌行銷全球》，貿易雜誌，2008年4月，頁52-55。

35. 江逸之（2008），《友訊科技把第三世界雞肋變黃金》，天下雜誌，2008年3月，頁72-75。

36. 何志賢（2008），《荷蘭歐洲經濟小巨人》，貿易雜誌，2008年1月，頁48-52。

37. 莊致遠（2008），《寶熊漁具勇於創新全球第三大釣具品牌》，貿易雜誌，2008年3月，頁48-52。

38. 楊方儒（2008），《與歐美亞大品牌平起平坐，法藍瓷愈會玩品牌》，遠見雜誌，2008年11月，頁240-244。

39. 彭連琦（2009），《大三通帶給台灣之機會》，遠見雜誌，2009年2月，頁120-124。

40. 林孟儀（2008），《中國＋印度全球經濟新重心》，遠見雜誌，2008年4月，頁178-188。

41. 楊慎淇譯，何志峰編（2008），《國際企業：管理與策略》，新加坡商聖智學習亞洲私人有限公司台灣分公司，2008年12月，頁377、頁189、頁179、頁197、頁190。

42. 何曉暉、翁良傑、蕭聿廷（2006），《國際企業》，新加坡商湯姆生亞洲私人有限公司台灣分公司，2006年6月；頁435、頁384。

（二）英文

1. Michael R. Czinkota & Michael H. Moffett, (2005), "International Business", South Western.

2. Bartlett, C., and Ghoshal, S., "Going Global: Lessons from Late Movers," *Harvard Business Review*, March-April, 2000, pp.132-142.

3. Beck, J., and Morrison, A. J., "Mudslides and Emerging Markets," *Organizational Dynamics*, Fall, 2000, pp.19-92.

4. Friedman, T., *The Lexus and the Olive Tree*, New York: First Anchor Books, 2000.

5. Hamel, Gary and Prahalad, C. K., "Do You Really Have a Global Strategy?" *Harvard Business Review*, July-August, 1985, pp.139-148.

6. Kim, W. Chan and Manborgne, Renee, "Making Global Strategies Work," *Sloan Management Review*, Spring, 1993, pp.

7. Adler, *Nancy International Dimensions of Organization Behavior*, 2nd ed., Boston: PW & Kent, 1991.

8. Beamish, Paul W., and Jonathan L. Calof, "International Business Education: A Corporate View", *Journal of International Business Studies*, Fall 1989.

9. Hamel, Gary, Yves Doz, and C. K. Prahalad, "Collaborate with Your Competitors—and Win", *Harvard Business Review*, January-February 1989.

10. Inkpen, Andrew C., and Paul W. Beamish, "Knowledge, Bargaining Power and International Joint, Venture Stability", *Academy of Management Review*, Vol. 22, No. 1, 1997.

11. Alan M. Rugman (2006), "International Business—A Strategic Management Approach", The McGraw-Hill Company Inc.

12. John B. Cullen & Parboteech (2005), "Multinational Management-A Strategic Approach", Congest Learning.

13. Aiello, R. J (2000), "The fine art of friendly Acquistion", HBR.

14. Bartlett C. A. and Ghoshall S., (1989), Managing across Borders, Harvard Business School Press.

15. Brown, G. G. and Harriosn, J. P. (1995), "Global Supply Chain Management at Digital Equipment Corporation", Interface 25, pp.69~93.

16. Bleek, J. and Erust, D. (1991), "The Way to Win in Cross Board Alliances" HBR, Nov.~December.

17. Bowerson, D. J. (1990), The Strategic Benefits of Logistics Alliance, Harvard Business Review, 90 (4), pp.36~47.

18. Buckley, P. J. (1990), Foreign Market Servicing by Multinationals-An Integrated Treatment, International Marketing Review.

19. Business Week, July 9, 2001. Global Top 2000 Company.

20. Business Week, Sep 12, 2001. Global Top 2000 Brand.

21. Contractor, F. J. (1992), "The Kole of Licensing in International Strategy", Columbia Journal of World Business, Journal 18, Winter.

22. Cohen, M. A. and Lee, H. L. (1989), "Resource Deployment Analysis of Global Manufacturing and Distribution Network", Journal of Manufacturing and Operations Management, pp.81~104.

23. Charles W. L. Hill (2001), International Business: Competing in the Global Marketplace, Third Edition, Irwin McGraw-Hill.

24. Caves, Richard E. (1982) Multinational enterprise and economic analysis. Cambridge University press.

25. Czinkota, Ronkainen (1996), International Business, 4th edition. The Dryden Press, Orlando, FL.

26. Davis (1992), "Managing and Organizing Multinational Corporation".

27. Donald A. Ball (1998), International Business: introduction and essentials; third edition, Busi-

國家圖書館出版品預行編目資料

國際企業管理：精華理論與實務個案／戴國良
著.－－初版.－－臺北市：五南, 2011.09
　面；　公分
ISBN 978-957-11-6385-7 (平裝)

1.國際企業　2.企業管理　3.個案研究

494　　　　　　　　　　　　　100014950

1FR4

國際企業管理：
精華理論與實務個案

作　　　者 ─ 戴國良

發 行 人 ─ 楊榮川

總 編 輯 ─ 龐君豪

主　　　編 ─ 張毓芬

責任編輯 ─ 侯家嵐

文字編輯 ─ 劉禹伶

封面設計 ─ 盧盈良

出 版 者 ─ 五南圖書出版股份有限公司

地　　　址：106台北市大安區和平東路二段339號4樓

電　　　話：(02)2705-5066　　傳　　真：(02)2706-6100

網　　　址：http://www.wunan.com.tw

電子郵件：wunan@wunan.com.tw

劃撥帳號：01068953

戶　　　名：五南圖書出版股份有限公司

台中市駐區辦公室／台中市中區中山路6號

電　　　話：(04)2223-0891　　傳　　真：(04)2223-3549

高雄市駐區辦公室／高雄市新興區中山一路290號

電　　　話：(07)2358-702　　傳　　真：(07)2350-236

法律顧問　元貞聯合法律事務所　張澤平律師

出版日期　2011年 9 月初版一刷

定　　　價　新臺幣460元